RAPPORT

FAIT

AU COMITÉ DES STATIONS AGRONOMIQUES

ET DES LABORATOIRES AGRICOLES

PAR

LA SOUS-COMMISSION DES MÉTHODES ANALYTIQUES

MM. SCHLŒSING, président; Aimé GIRARD, GRANDEAU; MÜNTZ, rapporteur

Extrait des *Annales de la Science agronomique française et étrangère.*

Tome I. 1887.

NANCY

IMPRIMERIE BERGER-LEVRAULT ET Cie

11, rue Jean-Lamour, 11

1888

RAPPORT

FAIT AU COMITÉ DES STATIONS AGRONOMIQUES

ET DES LABORATOIRES AGRICOLES

PAR LA SOUS-COMMISSION DES MÉTHODES ANALYTIQUES

Extrait des *Annales de la Science agronomique française et étrangère*.

Tome I. 1887.

RAPPORT

FAIT

AU COMITÉ DES STATIONS AGRONOMIQUES

ET DES LABORATOIRES AGRICOLES

PAR

LA SOUS-COMMISSION DES MÉTHODES ANALYTIQUES

MM. SCHLŒSING, président ; Aimé GIRARD, GRANDEAU ; MÜNTZ, rapporteur.

NANCY

IMPRIMERIE BERGER-LEVRAULT ET Cie

11, rue Jean-Lamour, 11

1888

RAPPORT

FAIT AU COMITÉ DES STATIONS AGRONOMIQUES

ET DES

LABORATOIRES AGRICOLES

PAR LA SOUS-COMMISSION DES MÉTHODES ANALYTIQUES

———

MM. Schlœsing, *président* ; Aimé Girard, Grandeau ; Müntz, *rapporteur*.

———

I. — Considérations générales.

En décrivant les méthodes analytiques qui, dans l'état actuel de nos connaissances, nous paraissent les plus propres à conduire à des résultats exacts, nous avons cru devoir tenir compte des conditions dans lesquelles se trouvent placés les laboratoires d'analyse qui ont à effectuer, dans un temps déterminé, un certain nombre d'opérations.

Il ne s'agissait donc pas uniquement de la précision des procédés, mais encore de la facilité et de la rapidité de leur application. C'est à ce double point de vue que la commission s'est placée et, dans le choix qu'elle a fait parmi les méthodes analytiques, elle a tenu grand compte des nécessités de la pratique du laboratoire ; mais elle a toujours subordonné toutes les autres considérations à celle de l'exactitude à obtenir dans le dosage.

Les méthodes qui n'ont pas été jugées suffisamment précises ont été écartées. Mais la commission n'a pas la prétention d'avoir fait une œuvre définitive ; elle croit devoir laisser ouverte l'inscription de procédés nouveaux ou perfectionnés, lorsque ceux-ci auront fait leurs preuves.

Il existe quelquefois pour la détermination d'une même substance des moyens différents qui conduisent au résultat exact. Chaque fois que ce cas s'est présenté, la commission a adopté ces diverses méthodes, laissant à l'opérateur le choix de celle que lui indiqueront ses habitudes, ses ressources, ses préférences personnelles. Mais il ne faut pas oublier que la précision absolue est impossible à atteindre.

L'exactitude des opérations ne dépend pas seulement des méthodes; elle dépend aussi des opérateurs; il y a donc deux causes d'erreur qui tendent à éloigner les chiffres obtenus dans l'analyse du chiffre vrai : l'erreur inhérente au procédé, l'erreur personnelle à l'analyste. Les chiffres que donne le dosage ne sont donc pas mathématiquement égaux aux chiffres exprimant la quantité réelle de la substance envisagée et les écarts pourront être d'autant plus grands que la méthode est susceptible de moins de précision et l'opérateur moins habile.

De là résulteront des divergences entre les résultats obtenus par divers chimistes, divergences qui, dans l'esprit de personnes non initiées, pourront ébranler la confiance dans l'utilité et la valeur de l'épreuve analytique et embarrasser les tribunaux chargés de réprimer les fraudes. Les inconvénients de ces divergences sont apparents plutôt que réels et il convient de les discuter.

Dans les transactions commerciales, il suffit d'avoir des chiffres se rapprochant assez de la vérité absolue pour que l'écart soit sans préjudice appréciable pour l'acheteur ou pour le vendeur, et il y a une certaine latitude dans laquelle peuvent se mouvoir les résultats que l'on peut appeler pratiquement exacts. Il faut donc admettre un écart permis, une tolérance, entre le titre indiqué et celui que donne l'analyse.

De là la nécessité de se rendre compte du degré de certitude qu'offre l'analyse chimique des matières fertilisantes.

C'est une tendance des personnes qui ne sont pas initiées aux sciences expérimentales d'attribuer à celles-ci plus de puissance qu'elles n'en ont en réalité. Il est du devoir de ceux qui sont chargés de préciser les conditions de l'intervention de la science dans les applications industrielles et commerciales de prémunir contre une confiance trop absolue dans les résultats du laboratoire.

On s'imagine souvent que le nombre de décimales est l'indice d'une plus grande exactitude; rien n'est moins vrai et le chimiste qui se rend compte de la valeur des chiffres ne s'attachera jamais à porter ce nombre au delà de ce qui rentre dans les limites des quantités dont il peut répondre. En général, quand les résultats sont rapportés à 100 de matière analysée, le maximum de précision qu'on puisse espérer ne dépasse pas une unité de la première décimale; il n'y a donc à tenir aucun compte d'une seconde et surtout d'une troisième décimale et, par suite, il est superflu de les employer en exprimant le résultat d'une analyse.

Encore, dans la plupart des cas, n'est-ce pas d'une utilité de la première décimale, mais de plusieurs, que les chimistes peuvent s'écarter pour un même produit. On doit donc regarder comme pratiquement concordants les résultats qui ne diffèrent entre eux que d'un petit nombre d'unités de la première décimale, et ce nombre d'unités pourra être d'autant plus grand que la quantité du corps à doser est elle-même plus grande par rapport à la matière analysée.

Pour fixer les idées nous citons quelques résultats:

Analyse d'un phosphate naturel.

ACIDE PHOSPHORIQUE.

	P. 100.
Quantité réelle	17.3
Premier résultat	17.6
Autre résultat	17.0

Un marchand qui aura vendu avec garantie de 17.5 p. 100 d'acide phosphorique, alors que l'analyste n'aura trouvé que 17.0, n'est donc pas convaincu de fraude, puisque l'écart entre les deux chiffres peut provenir du fait de l'analyse aussi bien que d'un manquant réel. Il n'en serait pas de même si l'écart était plus grand.

Analyse d'un phosphate précipité.

	ACIDE PHOSPHORIQUE.
	P. 100.
Quantité réelle.	37.0
Premier résultat	36.5
Autre résultat	37.5

Là encore nous devons admettre que ces divers chiffres sont suffisamment concordants pour les besoins du commerce et que le vendeur qui aurait garanti 37.0, alors que l'analyste n'a trouvé que 36.5, n'est pas convaincu de fraude.

Analyse d'un nitrate de soude.

	NITRATE PUR.
	P. 100.
Quantité réelle.	92.3
Premier résultat	91.8
Autre résultat	92.8

Même observation que pour les cas précédents.

Dosage d'azote dans un engrais organique.

	AZOTE.
	P. 100.
Quantité réelle.	3.3
Premier résultat	3.4
Autre résultat	3.2

Ici les quantités étant plus faibles, on ne peut tolérer que de plus faibles écarts.

Ces exemples ne fixent pas les limites, ils ne sont destinés qu'à montrer que les analystes peuvent s'écarter, en plus ou en moins, de la vérité absolue.

Sans multiplier ces exemples, on peut dire que chaque fois que les écarts ne dépassent pas 1 p. 100 de la substance dosée ou deux unités de la première décimale, les résultats doivent être regardés comme concordants.

Dans certains cas, les écarts peuvent être plus grands.

C'est au chimiste à déterminer dans chaque cas particulier où il a à se prononcer sur la fraude dans le commerce des engrais, si l'écart entre le chiffre annoncé et le chiffre trouvé est assez faible pour être imputable aux imperfections de l'analyse ou s'il est de nature à incriminer l'engrais analysé.

Le chimiste doit donc apporter de la prudence et du tact dans l'interprétation de ses résultats. Aussi est-il à désirer que les personnes chargées de se prononcer sur ces questions aient, non seulement la pratique des opérations, mais encore les connaissances scientifiques nécessaires pour attribuer à chaque donnée analytique sa véritable valeur. Le choix de l'expert n'est donc pas indifférent.

Dans le cas de contestations, une plus grande attention s'impose à ce dernier, aussi ne doit-il pas se borner à un seul essai, afin de se mettre à l'abri des causes d'erreur accidentelles.

La commission ne s'est occupée dans ce premier travail que des substances fertilisantes d'après lesquelles on calcule ordinairement la valeur des engrais. Mais il est d'autres substances qui ne sont pas généralement vendues sur titre, dont le rôle est important dans l'amélioration ou l'entretien de la fertilité des terres. Les méthodes analytiques à appliquer à ces substances feront l'objet d'un travail ultérieur. La commission complétera son œuvre par la description des divers procédés à employer pour l'analyse des substances agricoles en général, amendements, terres, produits de récoltes, etc.

II. — EXAMEN PRÉLIMINAIRE DES ENGRAIS.

Lorsqu'un engrais est soumis à l'examen du chimiste, celui-ci est ordinairement informé des corps dont il doit déterminer la quantité. Dans ce cas, il portera uniquement son attention sur ces corps, sans s'attacher aux autres substances existant dans l'engrais et une analyse qualitative paraîtrait inutile au premier abord. Mais le fait d'avoir négligé cet examen préliminaire peut avoir l'influence la plus préjudiciable sur l'exactitude des résultats, la coexistence de tels et tels corps nécessitant souvent des modifications dans les procédés analytiques. Les engrais constitués par des mélanges sont fréquemment dans ce cas. Pour ne citer qu'un exemple, le dosage de l'azote organique se fera par des procédés différents suivant qu'on aura constaté ou non la présence simultanée d'un nitrate.

L'examen préliminaire par l'analyse qualitative s'impose donc dans la plupart des cas; il ne peut être négligé que lorsqu'on se trouve en présence d'engrais simples, tels que le phosphate naturel, le chlorure de potassium, le sulfate d'ammoniaque, etc.

Recherche qualitative de la potasse. — 2 à 3 grammes d'engrais sont traités par 4 ou 5 centimètres cubes d'eau; on triture avec une baguette et on jette sur un filtre. C'est dans cette liqueur qu'on peut reconnaître la présence de la potasse par les procédés suivants :

1° A 2 ou 3 gouttes de liquide on ajoute une goutte d'acide chlorhydrique et 8 à 10 gouttes d'alcool, puis une goutte d'acide perchlorique qui formera avec la potasse un perchlorate cristallin presque insoluble.

2° Quelques gouttes de liquide sont additionnées de 2 ou 3 gouttes de solution de bichlorure de platine; on obtiendra un précipité jaune cristallin de chloroplatinate de potasse, qu'une addition de quelques gouttes d'alcool rendra plus abondant.

Ces deux réactions peuvent cependant aussi se produire avec l'ammoniaque; elles ne sont absolument certaines que si les sels ammoniacaux ont été au préalable chassés par une calcination de l'engrais.

3° Le réactif de M. Carnot est préférable et peut s'appliquer même en présence des sels ammoniacaux : à quelques gouttes du liquide obtenu par le lavage de l'engrais on ajoute autant de solution d'hyposulfite de soude à 10 p. 100 et 3 ou 4 gouttes d'une liqueur de bismuth, puis de l'alcool en quantité double du volume obtenu par le mélange de ces liquides. Par l'agitation, on voit se former un précipité cristallin d'un beau jaune-serin, caractéristique de la potasse.

La préparation de la liqueur de bismuth se fait en dissolvant 100 grammes de sous-nitrate de bismuth, à chaud, dans la quantité nécessaire d'acide chlorhydrique et en étendant le volume à un litre avec de l'alcool à 92°.

Recherche qualitative de l'acide phosphorique. — Quelques centigrammes de matière sont introduits dans un tube à essai avec 2 à 3 centimètres cubes d'acide azotique et autant d'eau, on fait bouillir pendant deux ou trois minutes et on laisse déposer. Au moyen d'un tube étiré on prélève une partie du liquide clair, auquel on ajoute 4 à 5 centimètres cubes de nitromolybdate d'ammoniaque. S'il y a de l'acide phosphorique en quantité appréciable, on obtiendra, au bout de peu de temps, un précipité jaune caractéristique de phosphomolybdate d'ammoniaque qu'on peut faire apparaître immédiatement en chauffant vers 60-80°. On a ainsi constaté l'existence de l'acide phosphorique, mais sans savoir sous quel état il se présente.

Pour rechercher si c'est à l'état soluble dans l'eau, on opère exactement comme il vient d'être dit, avec cette différence que l'engrais est traité non par de l'acide azotique, mais par de l'eau seulement. Dans la solution aqueuse, le nitromolybdate d'ammoniaque décèlera la présence de l'acide phosphorique.

Quant à l'acide phosphorique soluble au citrate, le mieux, pour le découvrir, est d'opérer comme si l'on voulait faire un dosage de l'acide phosphorique soluble au citrate.

Le nitromolybdate d'ammoniaque se prépare en dissolvant 100 grammes d'acide molybdique dans 400 grammes d'ammoniaque à 0,95 de densité et en ajoutant la solution obtenue, par petites portions et en agitant constamment, à $1^{kg},5$ d'acide azotique pur à 1,2 de densité.

Recherche qualitative de l'ammoniaque. — 1 à 2 grammes d'engrais sont traités par 4 à 5 centimètres cubes d'eau ; on laisse déposer et on prélève une partie du liquide surnageant, qu'on introduit dans un tube à essai avec un peu de potasse. En chauffant, il se dégage de l'ammoniaque qu'on reconnaît à l'odeur, ou au bleuissement que subit un papier de tournesol rouge, humecté d'eau, qu'on présente à l'orifice du tube, ou encore aux fumées blanches qui se produisent lorsqu'on approche une baguette imprégnée d'acide chlorhydrique.

Recherche qualitative de l'acide nitrique. — Quelques décigrammes d'engrais sont placés dans un tube à essai avec un peu de limaille de cuivre, humectés d'un peu d'eau et additionnés de 3 à 4 centimètres cubes d'acide sulfurique. En chauffant, on voit se produire des vapeurs rutilantes.

On peut encore employer le réactif de Desbassyns de Richemont, qui est d'une très grande sensibilité. Quelques centigrammes de matière sont traités par 5 ou 6 gouttes d'eau ; on laisse déposer après avoir trituré avec un agitateur. D'un autre côté, on met 4 à 5 centimètres cubes du réactif de Desbassyns et, avec un agitateur, on prélève une goutte du liquide à examiner, qu'on laisse tomber à la surface du réactif, qui s'entoure d'un anneau rose s'il y a du nitrate. En agitant, tout le liquide prend une teinte rosée. Il est indispensable de n'ajouter qu'une seule goutte ; si l'on en mettait davantage, la réaction disparaîtrait immédiatement.

Le réactif de Desbassyns se prépare en ajoutant un peu de sulfate de protoxyde de fer, finement pulvérisé, à de l'acide sulfurique pur et incolore, qu'on a fait bouillir au préalable pour le débarrasser de produits nitreux.

Recherche qualitative de l'azote organique. — Lorsqu'il n'y a pas de sels d'ammoniaque en présence, il est facile de reconnaître l'azote organique en chauffant au rouge sombre dans un tube bouché par un bout, un mélange de quelques décigrammes de matière et de quelques grammes de chaux sodée. Les vapeurs ammoniacales qui se dégagent se reconnaissent facilement ; mais s'il y avait en même temps dans le produit examiné des sels ammoniacaux, il faudrait au préalable éliminer ceux-ci par l'eau et traiter ensuite par la chaux sodée le résidu lavé et desséché.

Recherche qualitative de la magnésie. — Lorsqu'on doit effectuer le dosage de l'acide phosphorique dans un superphosphate, il faut s'assurer de la présence de la magnésie, qui obligerait à modifier la marche ordinaire de l'analyse. On procède de la manière suivante : 1 gramme environ d'engrais est traité à chaud par 5 à 6 centimètres cubes d'acide azotique et autant d'eau. On filtre sans laver, et dans le liquide passé, qu'on amène au volume de 60 à 80 centimètres cubes, on ajoute de l'acide citrique et de l'ammoniaque, comme s'il s'agissait d'un dosage d'acide phosphorique (voir plus loin), puis quelques centimètres cubes de solution au 1/10 de phosphate de soude. S'il y a de la magnésie on obtiendra, au bout de quelques heures, un précipité cristallin de phosphate ammoniaco-magnésien.

III. — ÉCHANTILLONNAGE DES ENGRAIS.

Prise d'échantillon. — Les engrais peuvent se présenter sous des formes variables ; tantôt ils sont pulvérulents, tantôt en masses agglomérées ou pâteuses, tantôt en morceaux durs ou débris plus ou moins gros, tantôt à l'état de pâte plus ou moins liquide, plus ou moins homogène, tantôt enfin à l'état d'un liquide fluide.

Lorsque les engrais sont pulvérulents, et c'est le cas le plus général, leur prise d'échantillon n'offre pas de difficulté. Quand ils sont en sacs, à l'aide d'une sonde suffisamment longue, on prendra l'échantillon dans le sac lui-même, en procédant de la manière suivante :

On ouvre un des angles du sac et on y plonge la sonde en la dirigeant en diagonale vers l'angle opposé ; on répète la même opération successivement sur chacun des quatre angles du sac ; mais lorsque le lot est considérable, il faut répéter la même opération sur un certain nombre de sacs pris au hasard. On réunit tous les produits de ces prélèvements, on les place sur une toile ou sur un papier et on les remue, à la main ou avec une spatule, assez longtemps pour que l'homogénéité puisse être regardée comme parfaite ; une partie de ce mélange, représentant 300 à 400 grammes, est placée dans un flacon de verre qu'on bouche avec un bon bouchon de liège.

Lorsque les engrais pulvérulents sont en tonneaux, on perce les deux fonds du tonneau de deux trous, au moyen d'une vrille ; ce trou doit être assez grand pour qu'on puisse y introduire la sonde, ce qu'on fait en s'éloignant autant que possible de l'axe du tonneau. Le mélange se fait d'ailleurs comme précédemment.

Lorsque l'engrais est en tas, on peut également se servir de la sonde pour y prélever l'échantillon moyen ; mais il faut avoir soin de faire pénétrer cet instrument jusque dans les parties centrales du tas, de même que jusque dans les parties inférieures. Si le tas est trop volumineux pour qu'on puisse arriver à ce résultat, le meilleur moyen consiste à faire une tranchée vers le centre du tas et à prélever ensuite dans un grand nombre de points placés dans les diverses parties du tas, en y comprenant ceux que la tranchée a rendus libres, les échantillons au moyen de la sonde.

Lorsque l'engrais est en masse pâteuse ou compacte, et qu'il se trouve en sacs ou en tonneaux, il est indispensable de vider plusieurs sacs pris au hasard, sur un plancher ou sur des dalles préalablement balayées ; on mélange alors à la pelle le tas obtenu et on prélève, en différents points de ce tas, des pelletées de l'engrais. Ce nouvel échantillon formé est divisé et mélangé, pulvérisé ou concassé, autant que possible, à l'aide d'une batte ou d'un marteau ; on mélange finalement à la main cette matière plus ou moins pulvérulente et on l'introduit dans un flacon ou dans une boîte métallique.

Quand l'échantillon est primitivement en tas, on procède de la même manière, en pratiquant une tranchée comme il a été expliqué plus haut.

On ne doit dans aucun cas, dans l'une ou l'autre de ces opérations, éliminer les pierres ou les parties étrangères de l'engrais ; elles doivent entrer dans l'échantillon prélevé, dans une proportion autant que possible égale à celle dans laquelle elles existent dans l'engrais.

Des matières peu homogènes, rognures, chiffons, etc., sont disposées en tas et bien mélangées à la pelle ; sur ce mélange, on prélève à la main, dans un très grand nombre d'endroits, une poignée de matière, on réunit le produit de tous ces prélèvements, qu'on mélange à nouveau avec la main et sur lequel on prend finalement l'échantillon destiné à l'analyse.

Moins la matière est homogène, plus grand devra être l'échantillon destiné à l'analyse ; dans quelques cas, il faut prélever jusqu'à 3 et 4 kilogrammes de matière. Cet échantillon est introduit dans une boîte métallique ou dans une caisse en bois bien hermétique.

Les engrais qui sont en pâte plus ou moins liquide (par exemple les vidanges), peuvent présenter deux cas : ou bien ils sont homogènes, et alors il suffit de les mélanger à la pelle et d'en remplir un flacon ; ou bien ils se séparent en deux parties, l'une plus fluide, l'autre plus consistante ; dans ce cas, il est indispensable de prélever de l'une et de l'autre dans une proportion égale à la proportion dans laquelle elles existent dans le lot à examiner.

Les parties liquides sont remuées et aussitôt, sans laisser le temps de déposer, on en prélève une quantité proportionnelle.

Les parties solides sont divisées à la bêche, on y prélève un échantillon proportionnel et on réunit les deux lots dans un grand flacon à large goulot hermétiquement bouché.

Préparation de l'échantillon au laboratoire. — La prise d'échantillon est une opération qui a autant d'importance que l'analyse elle-même, il convient d'y apporter les soins les plus minutieux, aussi bien dans l'échantillonnage sur place que dans la préparation de l'échantillon au laboratoire.

Cette dernière opération doit consister à donner une homogénéité parfaite au produit soumis à l'examen et, dans aucun cas, même alors que celui-ci paraît homogène, on ne doit se dispenser d'en opérer le mélange préalable. La manière de procéder variera avec la nature de l'engrais. Si celui-ci n'est pas pulvérulent, il faut le pulvériser dans la limite du possible, et opérer ensuite le mélange au mortier. Dans certains cas, comme celui des superphosphates, on a adopté l'usage de passer la matière à travers un tamis de 1 millimètre, en ayant soin de faire entrer dans l'échantillon les parties grossières après pulvérisation, et qui seraient restées sur le tamis.

Lorsque les matières sont trop pâteuses pour être divisées au mortier, on peut les diviser au moyen d'un couteau ou d'une spatule et ensuite opérer le mélange par une sorte de malaxage. On peut encore y incorporer un poids connu de matière pulvérulente inerte, comme, par exemple, du sable de Fontainebleau ; mais dans ce cas, il faut procéder à un mélange très prolongé. On tiendra compte, dans le calcul, des quantités de matière inerte introduites.

Le plus souvent, l'état pâteux n'est dû qu'à l'humidité de la matière.

Dans ce cas, on en prend un échantillon volumineux qu'on pèse et qu'on dessèche ; on rentre alors dans le cas des engrais pulvérulents, mais il faut tenir compte dans le calcul de l'humidité enlevée. Avant cette opération, il convient de s'assurer que le produit n'est pas modifié par la dessiccation, comme le seraient, par exemple, des superphosphates. Pour ces derniers, qui sont souvent à l'état plus ou moins aggloméré, il est d'usage d'introduire dans leur masse, pour les diviser, une certaine quantité de sulfate de chaux : on obtient alors une substance de nature pulvérulente.

Pour les rognures, débris, chiffons, etc., en un mot pour les engrais très peu homogènes, il faut les diviser, autant que possible, à l'aide de ciseaux ; s'ils ne sont pas trop durs, on peut encore les passer au moulin, on mélange alors à la main, mais on n'arrive jamais à l'homogénéité complète. Pour obvier à cet inconvénient, on prélève pour l'analyse une quantité plus considérable de matière, qu'on prépare suivant les cas, de manière à opérer l'analyse définitive sur une partie proportionnelle du produit rendu homogène par la préparation qu'on lui a fait subir.

Pour les engrais en pâte plus ou moins liquide, on les dessèche au préalable à 100 degrés, en y introduisant un peu d'acide oxalique dans le cas où ils contiendraient des combinaisons ammoniacales volatiles. Le produit de la dessiccation est passé au moulin.

Cependant avant de procéder à une dessiccation, on doit s'assurer qu'aucune modification ne peut être apportée dans la composition de l'engrais. Ainsi dans le cas d'un mélange contenant du superphosphate et du nitrate, la dessiccation pourrait éliminer de l'acide nitrique, si l'on n'avait pas soin de neutraliser au préalable le phosphate acide par une base, telle que la chaux.

Pour un engrais contenant à la fois des nitrates et des combinaisons ammoniacales volatiles, l'addition d'acide oxalique pourrait également éliminer de l'acide nitrique pendant la dessiccation. Il faut dans ce cas dessécher deux lots, l'un avec de l'acide oxalique, pour le dosage de l'ammoniaque, l'autre sans acide oxalique pour le dosage du nitrate.

Le dosage de l'humidité initiale, même dans les engrais pulvérulents, est utile à pratiquer chaque fois qu'on a à faire subir un maniement prolongé à l'air, car ce maniement pourrait entraîner une dessiccation partielle et la composition de l'engrais se trouverait modifiée. La détermination préalable de l'humidité met à l'abri de cette cause d'erreur.

L'analyse qualitative doit donc précéder toutes les autres opérations, puisque c'est elle qui nous fixera sur les procédés à employer tant pour la préparation de l'échantillon que pour le dosage.

Le chimiste devra apporter le plus grand soin à ces opérations préliminaires et discuter dans chaque cas la marche à suivre.

IV. — DOSAGE DE LA POTASSE.

1° Dosage de la potasse dans un chlorure de potassium par l'acide perchlorique. (Méthode de M. Schlœsing.)

Le chlorure de potassium est l'engrais potassique le plus communément employé, la potasse est le seul élément qu'il soit utile d'y doser.

On dissout dans de l'eau 50 grammes du chlorure à essayer, on étend la solution à un litre et on la rend homogène ; à l'aide d'une pipette graduée, on prélève 20 centimètres cubes de cette solution, qui correspondent à un gramme de matière. On ajoute goutte à goutte une solution saturée de nitrate de baryte, et on s'arrête exactement au moment où une goutte de réactif ne produit plus de trouble dans la liqueur ; pour bien saisir le moment où il faut s'arrêter, on verse la goutte le long de la paroi du vase en regardant si, à l'endroit du contact des deux liquides, il ne se forme plus de nuage. Si l'on attend quelques instants avant chaque addition de nitrate de baryte, il est facile de saisir le point précis auquel il faut s'arrêter. On précipite ainsi les traces d'acide sulfurique qui se trouvent toujours dans ces chlorures.

On verse alors sans filtrer, dans une capsule à fond plat de 7 centimètres de diamètre, en lavant le vase à deux reprises avec quelques gouttes d'eau, puis on évapore, au bain de sable, jusqu'à ce que le liquide soit concentré à 5 centimètres cubes environ.

On ajoute 5 centimètres cubes d'acide nitrique à deux ou trois reprises, en évaporant chaque fois à un petit volume, sans chauffer beaucoup, pour ne pas faire de vapeurs chloronitriques. On élimine ainsi le chlore qui pourrait donner naissance à des projections pendant la transformation en perchlorate. Pour être assuré de l'élimination complète du chlore, on condense les vapeurs de la capsule sur une lame de verre et on y ajoute une goutte d'azotate d'argent. Si aucun précipité ne se produit, tout le chlore est enlevé.

Après la concentration, on ajoute dans la capsule une solution d'acide perchlorique. L'acide perchlorique que l'on emploie doit avoir une densité de 1.7; il contient alors environ 90 p. 100 d'acide perchlorique réel. On étend l'acide d'eau, de telle manière que 10 centimètres cubes de la solution contiennent $1^{gr},6$ d'acide réel. En employant dans chaque dosage 10 centimètres cubes de cette solution, on est sûr d'avoir toujours une quantité suffisante d'acide perchlorique, celle-ci étant calculée de manière à pouvoir saturer un gramme de chlorure de sodium.

On évapore à sec au bain de sable, en s'arrêtant lorsque les fumées blanches de l'acide perchlorique, mis en excès, ont cessé de se produire; puis on arrose la matière avec cinq ou six gouttes d'eau pour empêcher la formation de sulfate de potasse qui eût pu se produire par une double décomposition entre le perchlorate de potasse et le sulfate de baryte, on chasse cette eau par évaporation et on ajoute, dans la capsule refroidie, 10 centimètres cubes d'alcool à 95 degrés qu'il est bon de saturer au préalable de perchlorate de potasse pur.

Au moyen d'une petite baguette de verre, aplatie à un bout, on écrase toute la masse cristalline de manière à ce que l'alcool l'imprègne complètement; on laisse reposer et on verse l'alcool de lavage sur un très petit filtre plat, destiné à recueillir les particules solides qui pourraient se trouver entraînées. Il est nécessaire, pour obtenir une filtration, de se servir de papier Berzélius. On remet 5 centimètres cubes d'alcool dans la capsule et on procède de la même manière que précédemment, à trois ou quatre reprises différentes; puis comme il pourrait rester encore, dans l'intérieur des cristaux, des sels solubles dans l'alcool et qu'il convient d'enlever, on ajoute sur le résidu salin 5 centimètres cubes d'eau, on chauffe au bain de sable, jusqu'à ce que cette eau soit de nouveau évaporée, et on reprend une dernière fois par quelques centimètres cubes d'alcool; les perchlorates de baryte, de soude, de chaux, etc., ont été enlevés par l'alcool dans lequel ils sont très solubles, il ne reste dans la capsule et sur le filtre qu'un mélange de perchlorate de potasse et d'une petite quantité de sulfate de baryte insoluble; 25 à 30 centimètres cubes d'alcool sont en général suffisants pour opérer le lavage ; mais si l'on a eu la précaution de saturer l'alcool de lavage, au préalable, de perchlorate de potasse, il n'y a aucun inconvénient à pousser le lavage plus loin, jusqu'à 40 à 50 centimètres cubes.

Le perchlorate de potasse est soluble dans l'eau bouillante ; on met dans la capsule 20 centimètres cubes d'eau, on chauffe presque à l'ébullition au bain de sable, pendant 5 minutes, en évitant toute projection et on jette le liquide chaud sur le petit filtre qui a servi aux lavages à l'alcool ; les liqueurs sont reçues dans une petite capsule de porcelaine à fond plat, qu'on a tarée préalablement. On remet 5 centimètres cubes d'eau dans la première capsule ; on fait bouillir et on rajoute sur le filtre, on répète à quatre ou cinq reprises les lavages à l'eau bouillante, chaque fois avec 5 centimètres cubes d'eau. Cette filtration a pour but d'éliminer les matières insolubles, silice, sulfate de baryte, etc., qui souillaient le perchlorate.

On a évaporé à mesure le liquide filtré recueilli dans la capsule tarée, afin qu'elle pût contenir toutes les eaux de lavage.

Le perchlorate de potasse a une tendance à grimper le long des parois pendant l'évaporation et il passe souvent ainsi sur les bords extérieurs de la capsule. On peut remédier à cet inconvénient en ajoutant dans la capsule, avant l'évaporation, deux ou trois gouttes d'acide perchlorique qui empêche le perchlorate de déborder.

Quand l'évaporation est complète et que toute fumée blanche a disparu, on chauffe à 150 degrés environ, pendant dix minutes ; l'augmentation de poids de la capsule correspond au perchlorate de potasse, dont le poids multiplié par 0,339 donne le poids de la potasse contenue dans un gramme de sel essayé.

Quand les quantités d'acide sulfurique sont notables, il faut procéder d'une autre façon et séparer cet acide au préalable.

2° Dosage de la potasse dans un sulfate de potasse par l'acide perchlorique. (Méthode de M. Schlœsing.)

25 grammes de sulfate de potasse sont versés dans un verre de 500 centimètres cubes de capacité, on y ajoute environ 100 centimètres cubes d'eau bouillante en agitant de manière à opérer la dissolution, on laisse en contact pendant quelques minutes et on décante

dans un ballon jaugé de 500 centimètres cubes ; on lave le verre à plusieurs reprises, avec de petites quantités d'eau bouillante, de manière à dissoudre tout le sel et on s'arrête au moment où l'on a presque atteint dans le ballon le volume de 500 centimètres cubes. On laisse alors refroidir, on complète le volume à 500 centimètres cubes et on agite de manière à avoir un liquide homogène.

20 centimètres cubes de cette solution, correspondant à un gramme de sel à essayer, sont versés dans un ballon d'environ 200 centimètres cubes avec 50 centimètres cubes d'eau ; on porte à l'ébullition et on ajoute, par petites portions, une solution de nitrate de baryte, aussi longtemps qu'une nouvelle addition fait naître un précipité. Lorsque la précipitation est complète, on ajoute un petit excès de carbonate d'ammoniaque en poudre, destiné à précipiter la baryte mise en excès et on porte à l'ébullition pendant quelques minutes ; on filtre après avoir laissé déposer. La liqueur est évaporée au bain de sable à un petit volume, puis additionnée de 10 centimètres cubes d'eau régale faible, contenant 1/5 d'acide chlorhydrique seulement ; on évapore de nouveau presque à sec, en plaçant un entonnoir renversé sur la capsule, et on ajoute encore une fois ou, mieux, deux fois de la même eau régale, en chassant toujours celle-ci par l'évaporation ; les sels ammoniacaux sont ainsi éliminés ; leur azote s'en va à l'état libre ; finalement on traite une fois par l'acide azotique pour avoir le sel à l'état de nitrate, on évapore à sec, on additionne de 10 centimètres cubes d'acide perchlorique, dilué suivant la formule précédemment donnée.

On évapore à sec ; après élimination complète des vapeurs d'acide perchlorique en excès, on laisse refroidir et on lave, comme il est dit à propos du chlorure de potassium, par de l'alcool fort saturé de perchlorate de potasse ; mais ici il n'y a comme résidu insoluble que le perchlorate, on se contente de dissoudre par un fin jet d'eau bouillante le sel qui a été entraîné sur le filtre, et on reçoit ce liquide dans la capsule, dans laquelle est restée la plus grande partie du perchlorate ; on évapore à sec et on pèse.

Lorsqu'on a versé le nitrate de baryte avec précaution et que, par suite, on n'en a mis qu'un très léger excès, on peut se dispenser de l'emploi du carbonate d'ammoniaque et on abrège ainsi notablement l'opération. Mais, dans le cas du sulfate de potasse, il est difficile de s'arrêter juste au moment de la saturation de l'acide sulfurique.

3º Dosage de la potasse dans un engrais complexe par l'acide perchlorique.

On suppose que cet engrais contient de la matière organique, des sels ammoniacaux, du superphosphate de chaux et un sel de potasse, chlorure ou sulfate ; ce cas se présente fréquemment dans la pratique. Le procédé à appliquer est le même pour les engrais complexes, les guanos et les poudrettes.

On prend 5 grammes de matière, on les mêle intimement dans un mortier avec un gramme de chaux hydratée, on verse dans une capsule en porcelaine, on humecte la masse avec quelques gouttes d'eau, on dessèche et on calcine à très basse température, sans dépasser le rouge sombre. Dans cette opération, les superphosphates reviennent à l'état insoluble, la matière organique est carbonisée et les sels ammoniacaux sont éliminés ; on reprend par de très petites quantités d'eau bouillante, on filtre, on lave à l'eau bouillante en s'arrangeant de manière à n'avoir pas plus de 80 centimètres cubes de liqueur environ ; toute la potasse se trouve dissoute.

Dans cette liqueur on ajoute, par petites portions, aussi longtemps qu'il se forme un nouveau précipité, de l'eau de baryte, dont on évite de mettre un excès considérable ; on sépare l'excès de baryte introduit au moyen d'une solution concentrée de carbonate d'ammoniaque, en évitant également de mettre un grand excès de cette dernière solution ; on porte à l'ébullition, on filtre et on lave ; on évapore à un petit volume, puis on traite à plusieurs reprises par de l'acide nitrique additionné d'un cinquième d'acide chlorhydrique, en évaporant chaque fois, et on termine l'opération comme dans le cas d'un sulfate. L'addition d'acide chlorhydrique a pour but de produire de l'eau régale qui détruit les sels ammoniacaux. Le résultat obtenu correspond à 5 grammes de matière employée. Quand l'engrais est très riche en potasse, par exemple, quand il en contient plus de 10 p. 100, il ne faut opérer que sur deux grammes de matière.

4º **Dosage de la potasse dans les salins et dans les potasses raffinées, par la méthode au platine et au formiate de soude de MM. Corenwinder et Contamine.**

Dans ces dernières années, on a préconisé l'emploi d'une méthode qui est rapide et exacte, quand on la pratique avec tout le soin voulu. On peut la regarder comme aussi précise que le procédé au perchlorate. Elle s'applique en général aux sels de potasse. Mais il est utile de s'assurer au préalable que ceux-ci ne contiennent pas d'ammoniaque ; si la présence de cette base était constatée, il faudrait chauffer au rouge le sel à essayer avant de procéder au dosage ; les sels ammoniacaux sont ainsi éliminés ; mais il faut éviter de pousser la température trop haut ou de la prolonger, de crainte de volatiliser les sels de potasse.

On prend 25 grammes de sel à analyser, on calcine comme on vient de le dire, mais seulement dans le cas très rare où il y a des sels ammoniacaux ou de la matière organique, on dissout à l'ébullition dans 600 ou 800 centimètres cubes d'eau, on laisse refroidir et on amène le volume total à un litre ; après avoir rendu le liquide homogène, on en filtre une partie ; on prélève 20 centimètres cubes, correspondant à 5 décigrammes de matière, on acidule la liqueur par de l'acide chlorhydrique, on évapore à sec et on pèse le résidu salin afin de savoir quelle quantité de bichlorure de platine il faut y ajouter pour que ce dernier soit en excès. On calcule la quantité de bichlorure, de manière à ce qu'elle soit suffisante pour saturer la quantité du sel pesé, que l'on considère comme étant du chlorure de sodium ; l'équivalent de la soude étant moins élevé que celui de la potasse, on est sûr, de cette manière, d'avoir un excès de chlorure de platine. La solution de chlorure de platine devra contenir, dans 100 centimètres cubes, 17 grammes de platine ; chaque centimètre cube de cette solution sera suffisant par décigramme du poids du résidu salin obtenu. On évapore le mélange dans une capsule à fond plat au bain-marie ; la capsule est placée sur un rond métallique qui est lui-même séparé des bords du bain-marie par un gros rond de carton, destiné à empêcher le bichlorure de platine d'être chauffé au delà de 100 degrés, température au-dessus de laquelle il pourrait se former un peu de sous-chlorure de platine, insoluble dans l'alcool.

On pousse l'évaporation jusqu'au moment où le produit a une consistance pâteuse et se prend en masse par le refroidissement ; il faut éviter une dessiccation complète. Après refroidissement, on laisse digérer pendant plusieurs heures avec 15 centimètres cubes d'alcool à 95 degrés, en ayant soin de placer la capsule sous une petite cloche. On agite de temps en temps avec une baguette le contenu de la capsule, on décante le liquide surnageant sur un petit filtre, on lave avec l'alcool jusqu'au moment où le liquide qui passe est tout à fait incolore.

On avait recommandé d'employer un mélange d'alcool et d'éther ; mais le traitement par ce mélange ne se fait pas sans difficulté ; il est rare que le liquide ne grimpe pas le long des parois de la capsule et ne déborde sur la paroi extérieure. Cet inconvénient est difficile à éviter avec l'emploi du mélange d'alcool et d'éther, mais ce lavage peut aussi s'opérer avec de l'alcool seul à 95 degrés, qui ne dissout pas de chloroplatinate de potasse. Dans ce cas, le liquide grimpe moins.

On a ainsi obtenu, comme résidu insoluble, un mélange de chloroplatinate de potasse avec des quantités variables de phosphate de soude, de silice, d'oxyde de fer, etc. On dissout par l'eau bouillante la matière restée dans la capsule et on la verse sur le filtre, on continue le lavage de la capsule et du filtre par l'eau bouillante, jusqu'au moment où tout le chloroplatinate est dissous, ce qu'on constate facilement par la décoloration du filtre. La solution de chloroplatinate est reçue dans une capsule bien vernissée et dans le vernis de laquelle il ne se trouve pas de stries. On chauffe au bain de sable jusqu'à l'ébullition et on verse, par très petites portions, du formiate de soude dissous dans l'eau, tout en retirant la capsule du feu, pour éviter les projections. La réaction est assez vive, le platine est réduit à l'état métallique. On ajoute du formiate de soude jusqu'à ce que le liquide soit complètement décoloré. On peut avantageusement remplacer la capsule par un vase en verre trempé ou un verre de Bohême, à bec, qu'on recouvre d'un verre de montre pendant la réaction. Non seulement on évite ainsi des pertes par projection, mais on est aussi à l'abri des inconvénients que présentent dans les capsules les stries sur lesquelles le platine adhère fortement.

Le platine s'est précipité sous forme de poudre noire; pour le concréter, on évapore le liquide à peu près à moitié, on verse sur un petit filtre, en y faisant tomber le platine avec de l'eau froide légèrement acidulée et, lorsque tout le platine est réuni sur le filtre, on achève le lavage à l'eau bouillante. Il arrive souvent que le platine passe à travers le filtre, ce qu'on remarque facilement à la teinte d'un gris métallique que prend le liquide filtré; il faut alors laisser déposer ce liquide du jour au lendemain, décanter la partie surnageante et ajouter sur le filtre le dépôt noir qui s'est formé, en employant encore de l'eau froide pour le lavage; mais cet inconvénient ne se produit que lorsque le liquide n'a pas été suffisamment évaporé pour concréter le platine; il faut donc donner une grande attention à cette évaporation.

Le filtre est séché et calciné, on obtient ainsi le poids du platine correspondant à celui de la potasse (100 de platine équivalent à 47.57 de potasse). Le procédé s'applique non seulement au chlorure de potassium, mais aussi aux salins, aux potasses raffinées et même au sulfate de potasse, sans séparation préalable de l'acide sulfurique.

5° Dosage de la potasse à l'état de chlorure double de platine et de potassium. Séparation de la potasse et de la soude.

Ce procédé de dosage classique fournit de bons résultats; il est fondé sur la propriété que possède le bichlorure de platine de donner, avec les chlorures de potassium et de sodium, des chlorures doubles de potassium et de sodium, qu'il est facile de séparer, le chloroplatinate de potasse étant insoluble dans l'alcool, tandis que le chloroplatinate de soude y est soluble.

La première opération consiste à ramener la potasse et la soude à l'état de chlorures.

Soit le cas d'un engrais complexe, il faut commencer par détruire la matière organique et les sels ammoniacaux par une calcination ou un grillage; mais en ayant soin de ne pas pousser la température

trop loin, de peur de volatiliser de la potasse. Le produit de la calcination qui, suivant la richesse présumée de l'engrais, provient de 1
à 5 grammes de matière primitive, est traité par de l'eau chaude ;
on ajoute à la solution, qu'il est inutile de filtrer au préalable, un
léger excès d'eau de baryte, puis on filtre. Dans la solution filtrée,
on ajoute du carbonate d'ammoniaque en excès ; on fait bouillir, on
filtre de nouveau et on évapore à sec la solution claire dans une capsule de platine ; on ajoute à la matière 4 ou 5 grammes d'acide oxalique en poudre de manière à recouvrir la matière, on humecte avec
quelques gouttes d'eau pour encroûter l'acide oxalique au-dessus de
la matière, on recouvre d'un entonnoir qui pénètre de quelques millimètres dans la capsule, on chauffe modérément au bain de sable,
en ajoutant de temps en temps quelques gouttes d'eau ; puis on
chauffe plus fort au bain de sable, jusqu'à ce que tout dégagement de
gaz et de vapeur ait cessé. Il se forme dans l'intérieur de la capsule
des gaz réducteurs, notamment de l'oxyde de carbone, qui réagis-
sent sur les azotates et achèvent de les transformer en carbonates.
On n'a pas à craindre de pertes pendant cette opération, parce que
l'acide oxalique, en se décomposant, tout en bouillant vivement, ne
projette pas de matière. Il ne faut pas craindre à la fin de l'opération
de porter la capsule jusqu'au rouge, qu'on maintient pendant quelques instants. On reprend par de petites quantités d'eau chaude, on
filtre si c'est nécessaire ; la magnésie, le carbonate de chaux, etc.,
restent sur le filtre ; dans la solution filtrée, dans laquelle les alcalis
se trouvent à l'état de carbonates, on met de l'acide chlorhydrique,
on évapore à sec et on pèse le mélange des chlorures, auquel on
ajoute une quantité connue de chlorure de platine, comme il est
expliqué précédemment ; on évapore à sec au bain-marie, mais sans
prolonger la dessiccation au delà de ce qui est indispensable.

Le résidu est repris par de l'alcool à 95°, qu'on laisse pendant quelque temps séjourner sur la matière, après avoir bien agité afin d'obtenir la précipitation complète du chloroplatinate. Cette digestion
doit se faire sous une petite cloche à bords rodés et suiffés, reposant
sur une plaque de verre dépolie. On empêche ainsi l'alcool de s'éva-
porer et de former sur les parois de la capsule des dépôts qui finissent
par atteindre et dépasser le bord supérieur du vase.

On lave au moyen de cet alcool, en décantant les liqueurs sur un petit filtre placé lui-même dans un autre filtre d'un poids identique, qui lui sert de tare sur les deux plateaux d'une balance ; le lavage est prolongé jusqu'à ce que les liqueurs passent tout à fait incolores. On s'arrange, pendant le lavage, de manière à faire tomber sur le filtre toute la matière, en détachant avec une barbe de plume celle qui resterait dans la capsule ; on dessèche à une température ne dépassant pas 95° et on pèse le chloroplatinate recueilli sur le filtre intérieur. On peut encore laisser la matière dans la capsule dans laquelle on fait tomber, au moyen d'un fin jet d'alcool, le chloroplatinate qui était entraîné sur le filtre. On pèse dans la capsule même, après dessiccation à 95°. La pesée doit se faire rapidement à cause de l'hygroscopicité de la matière.

Lorsqu'on a recueilli le précipité sur le filtre, il est prudent d'introduire celui-ci, au sortir de l'étuve, dans un étui en verre léger, bouché à l'émeri, en prenant la précaution de tarer cet étui avec un autre semblable, dans lequel on mettra le filtre vide. Le poids obtenu multiplié par 0,193 donne la quantité de potasse correspondante.

6° Détermination de la soude.

On peut doser la soude par différence. Étant donné qu'on connaît le poids du mélange de chlorure de potassium et de chlorure de sodium et qu'on a dosé comme on vient de le dire la potasse, on n'a qu'à retrancher, du poids total, le poids du chlorure de potassium correspondant à la potasse obtenue ; on aura ainsi le poids du chlorure de sodium.

Mais il vaut mieux opérer un dosage direct : la soude se trouve tout entière dans la dissolution alcoolique, dont on a séparé par filtration le chloroplatinate de potasse. Cette liqueur est évaporée à sec, au bain de sable, dans un verre de Bohême d'environ 100 centimètres cubes de capacité. Le résidu est formé de chloroplatinate de soude et d'un peu de bichlorure de platine. On adapte au verre de Bohême un bouchon de liège avec deux tubes. On maintient l'appareil sur un bain de sable à une douce chaleur, on fait arriver par l'un des tubes,

qui plonge jusqu'au fond du verre de Bohème, un courant d'hydrogène, l'autre tube sert au dégagement des gaz. L'hydrogène réduit
complètement les sels de platine. Pour faciliter l'attaque du résidu
solide dans toute son épaisseur, on ajoute quelques gouttes d'eau;
quand toute la surface a noirci, on agite, on évapore à sec et on fait
de nouveau passer de l'hydrogène. On répète trois ou quatre fois
cette opération, en s'arrêtant au moment où l'eau ajoutée ne se
colore plus en jaune; on n'a plus alors qu'un mélange de platine
réduit et de chlorure de sodium. Aucune trace de ce dernier n'a été
perdue, car la température n'a pas dépassé 100°. On dissout le chlorure de sodium par des lavages à l'eau. Ce liquide, qui doit être absolument incolore, est évaporé à sec dans une capsule de platine et
pesé : on obtient ainsi le poids du chlorure de sodium. Comme véri-
fication, la somme du poids du chlorure de potassium, calculée
d'après le chloroplatinate et le poids du chlorure du sodium trouvé,
doit être égale au poids initial du mélange des deux chlorures.

V. — DOSAGE DE L'AZOTE SOUS SES DIVERS ÉTATS.

**1º Dosage de l'azote organique par la chaux sodée dans un
engrais riche ne contenant pas de nitrate (Ex. : sang desséché).**

L'azote qui se trouve à l'état organique dans les engrais se transforme en ammoniaque lorsqu'on chauffe la matière avec de la chaux
sodée. Cette réaction est la base du procédé d'analyse dont il est ici
question. La présence des nitrates ne permet pas l'emploi de cette
méthode.

Dans un tube de verre vert bien nettoyé et fermé par un bout
long de 35 à 40 centimètres, on met d'abord, sur une longueur
de 2 centimètres, de l'oxalate de chaux, puis sur 5 centimètres de
longueur, de la chaux sodée en petits fragments et on y introduit
un mélange, fait dans un mortier, de 50 centigrammes de la matière
à analyser, avec de la chaux sodée réduite en poudre grossière; ce
mélange ne doit pas occuper une longueur de plus de 12 à 15 centimètres dans le tube. Au moyen de petites quantités de chaux sodée,

on lave le mortier et la main de cuivre qui a servi à l'introduction
de la matière, puis on achève de remplir le tube, jusqu'à 4 centimètres de l'extrémité, par de la chaux sodée en petits fragments.
On bouche au moyen d'un tampon d'amiante assez serré pour empêcher tout entraînement de la chaux sodée par le dégagement
gazeux ; on essuie soigneusement avec un papier le bord intérieur
du tube et on bouche avec un bouchon de liège, puis on enroule
autour du tube une bande de clinquant, en laissant libres les deux
extrémités du tube sur une longueur de 4 centimètres ; on fixe le
clinquant au moyen de fils de cuivre tordus, et on remplace le bouchon de liège par un bouchon de caoutchouc, portant un tube à gaz
recourbé à angle droit et très étiré à sa partie la plus longue ; on place
le tube sur une grille à gaz ou à charbon, puis on engage l'extrémité
étirée du tube abducteur dans un tube à essai de grande dimension,
dans lequel on met 10 centimètres cubes de liqueur acide normale
et 10 centimètres cubes d'eau, en même temps qu'on colore par
une quantité constante de teinture de tournesol ; la partie effilée
doit plonger jusqu'au fond du tube à essai. A ce tube on peut subs-
tituer une fiole, ce qui évite le transvasement avant le titrage. On
peut encore employer un tube à boule de Will et Warrentrapp, mais
l'usage de ce tube ne nous paraît pas commode.

On commence à chauffer l'extrémité ouverte du tube ; lorsque
cette partie est rouge, on avance progressivement vers la partie où
se trouve la matière, en allumant les becs ou approchant les char-
bons, de manière à obtenir un dégagement de bulles qui soit régu-
lier et pas trop précipité. On continue ainsi jusqu'à ce que toute la
matière soit décomposée, en chauffant de manière à ce que le tube
arrive à la température du rouge sombre, qu'il faut maintenir jusqu'à la fin de l'opération, mais sans la dépasser. Finalement lorsque
le dégagement de gaz a presque cessé, on élève la température du
tube au rouge vif et on commence à chauffer peu à peu la partie
dans laquelle se trouve l'oxalate de chaux, destiné à fournir de l'hydrogène, qui chasse les dernières traces d'ammoniaque. Lorsque
tout dégagement de gaz a cessé, on dirige, au moyen d'une pissette,
un jet d'eau froide sur la partie antérieure du tube, en tenant à la
main le tube abducteur et le tube à essai. Le tube en verre vert se

brise ; on détache le bouchon, on lave le tube abducteur à l'intérieur et à l'extérieur, en recevant les eaux de lavage dans le tube
à essai ; tout le liquide est ensuite transvasé dans un verre à dosage,
on lave et on procède au titrage au moyen de la liqueur de potasse,
comme s'il s'agissait de doser l'ammoniaque. On prend de même le
titre de 10 centimètres cubes d'acide normal et on fait le calcul
comme il est expliqué au sujet du dosage de l'ammoniaque. 17 d'ammoniaque correspondent à 14 d'azote.

Il arrive que, lorsque l'engrais contient des sels ammoniacaux,
une partie de l'ammoniaque se dégage pendant qu'on fait le mélange
dans le mortier. Dans ce cas, il faut procéder très rapidement et
avoir d'avance la chaux sodée toute pulvérisée. Pour plus de sûreté,
on peut triturer la matière avec quelques cristaux d'acide oxalique,
avant de la mêler à la chaux sodée.

Il serait préférable de doser d'abord l'ammoniaque toute formée,
en la déplaçant par la magnésie, et d'opérer ensuite sur le résidu
pour le dosage de l'azote organique par la chaux sodée ; mais on
allongerait ainsi de beaucoup le dosage. Les précautions que nous
avons indiquées pour éviter les pertes d'ammoniaque sont suffi-
santes.

Souvent l'échantillon sur lequel on opère n'est pas sec et il faut
au préalable l'amener à l'état de siccité ; mais si cette dessiccation
était faite sans précaution spéciale on pourrait perdre par volatilisa-
tion de l'ammoniaque libre ou carbonatée ; tel serait le cas du fumier de ferme, du purin, etc., on évite cet inconvénient en ajoutant
à la matière assez d'acide oxalique en poudre pour donner une réaction franchement acide à la masse, l'ammoniaque se trouve ainsi
fixée à l'état d'oxalate. On peut tenir compte dans le poids de la
matière employée pour l'analyse du poids de l'acide oxalique ajouté.

Préparation de la chaux sodée. — Dans une terrine en grès, on
met 600 grammes de chaux éteinte en poudre et on verse dessus
une solution de 260 grammes de soude caustique dans 250 centimètres cubes d'eau ; on fait une pâte qu'on introduit dans un creuset en terre et qu'on chauffe au rouge ; on fait sortir la matière
encore chaude du creuset, on la concasse rapidement dans un mortier de cuivre, de manière à avoir des grains de la grosseur d'un

pois environ et qui ne sont pas trop mélangés de poudre, on enferme cette matière encore chaude dans un flacon bien bouché.

Préparation de l'oxalate de chaux. — Dans une petite bassine de cuivre, on met 100 grammes d'acide oxalique, on y ajoute, en faisant bouillir, assez d'eau pour tout dissoudre, puis on y jette par petites portions de la chaux éteinte en poudre, en remuant constamment, jusqu'à ce que le papier de tournesol indique qu'il y a de la chaux en excès ; on évapore d'abord à feu nu en agitant fortement, puis on achève la dessiccation au bain de sable ; on met la matière desséchée dans un flacon bien bouché.

2º Dosage de l'azote organique dans un engrais pauvre en azote, ne contenant pas de nitrate.

Le dosage par la chaux sodée s'effectue facilement sur les engrais qui ne contiennent pas de nitrate ; c'est le cas que nous supposons encore ici, mais en considérant un engrais moins riche en azote que le précédent. On opère sur 1 gramme de matière ; on procède exactement comme à l'article précédent, avec cette seule différence qu'on substitue à l'acide titré normal l'acide titré décime et qu'on se sert d'eau de chaux pour faire la saturation de l'acide. Comme il peut arriver que l'engrais soit plus riche en azote qu'on ne pensait et que, par suite, les 10 centimètres cubes d'acide décime pourraient se trouver saturés complètement, ce qui occasionnerait une perte d'ammoniaque, il est prudent d'ajouter dans le tube à essai quelques gouttes de teinture de tournesol, qui montreraient, en virant au bleu, que l'acide est saturé ; dans ce cas, pour ne pas perdre l'opération, il faudrait ajouter aussitôt 10 autres centimètres cubes d'acide décime et achever l'opération comme précédemment. On tient compte par le calcul de 10 centimètres cubes d'acide décime ajoutés en plus.

Exemple de calcul : il a fallu 26^{cc},5 d'eau de chaux pour saturer 10 centimètres cubes d'acide titré ; la matière contenait plus d'azote que n'en pouvaient saturer les 10 centimètres cubes d'acide placés dans le tube à essai, et on a dû ajouter 10 autres centimètres cubes.

Pour opérer la saturation de cette liqueur, il a fallu 18^{cc},5 d'eau de chaux. La quantité d'azote sera la suivante :

$$\frac{26,5 + (26,5 - 18,5)}{26,5} \times 0,0175$$

en admettant que 10 centimètres cubes d'acide titré équivalent à 0^{gr},0175 d'azote.

3° Dosage de l'azote dans les substances peu homogènes et difficiles à pulvériser. (Procédé de M. Grandeau.)

Il peut arriver que l'engrais azoté soit en morceaux difficiles à diviser et de natures différentes : tel est le cas des déchets de drap, de cuir, de laine, etc. ; il est alors impossible d'obtenir un mélange homogène sur lequel on puisse prélever la quantité de matière destinée à l'analyse. Dans ce cas, on traite, dans une capsule de porcelaine, 50 grammes de la matière à analyser, par une quantité d'acide sulfurique concentré suffisante pour imprégner toute la masse ; on chauffe au bain de sable en remuant fréquemment, jusqu'à ce que la désagrégation soit complète. Alors on ajoute, par petites portions, de la craie finement pulvérisée, jusqu'à ce qu'on ait obtenu une masse solide, qu'on broye dans un mortier et qu'on mélange avec soin. On n'a pas saturé complètement l'acide par la craie, de sorte que, pendant la manipulation, il ne peut se produire aucune déperdition d'ammoniaque. On prend le poids de la poudre ainsi obtenue, dont on pèse la cinquantième partie pour l'analyse ; on opère ainsi sur une matière correspondant à 1 gramme de l'engrais à essayer. Cette partie est traitée par la chaux sodée comme s'il s'agissait d'un dosage ordinaire ; là encore, suivant la richesse supposée de l'engrais, on emploie l'acide sulfurique titré normal ou l'acide décime. Cette méthode ne serait pas applicable aux cas où il y aurait des nitrates.

Dans le cas où l'on opérerait le dosage par le procédé Kjeldahl, on ne saturerait pas l'acide, mais on prendrait une fraction déterminée, soit, par exemple, 1/50 de la bouillie acide obtenue, correspondant à 1 gramme de matière.

4° Dosage de l'azote sous ses trois états dans un engrais complexe.

Le cas se présente fréquemment dans la pratique d'avoir à déterminer, dans un même engrais, l'azote à l'état de nitrate, à l'état d'ammoniaque et à l'état d'azote engagé dans des combinaisons organiques. Le dosage de l'azote en bloc ne pourrait se faire qu'au moyen de la méthode qui consiste à mesurer l'azote en volume. Le procédé ordinaire par la chaux sodée ne donnerait que des indications erronées.

Il est souvent nécessaire de séparer ces diverses formes de l'azote pour les doser isolément, d'autant plus que leur valeur commerciale n'étant pas la même, il est indispensable, pour fixer le prix de l'engrais, de connaître la proportion de chacune d'entre elles.

a. *Dosage de l'azote nitrique.* — On prend 66 grammes de matière qu'on triture dans un mortier, avec un peu d'eau ; on épuise par l'eau en décantant la liqueur dans un ballon jaugé d'un litre, et lavant le résidu un grand nombre de fois, jusqu'à ce qu'on ait complété le volume d'un litre ; tout le nitrate est en dissolution, on le dose comme il est expliqué au paragraphe traitant de l'analyse des nitrates.

b. *Dosage de l'ammoniaque.* — On introduit 1 gramme d'engrais dans l'appareil à distillation de M. Schlœsing ; on y ajoute 200 centimètres cubes d'eau et 1 gramme de magnésie calcinée, on distille en recueillant dans l'acide sulfurique titré. Si l'engrais est riche en ammoniaque, on emploie l'acide titré normal ; s'il est pauvre, on emploie l'acide au dixième.

c. *Dosage de l'azote organique.* — L'azote organique se trouve généralement dans les engrais en même temps à l'état soluble et à l'état insoluble ; on dose cet azote sous une seule forme ; mais comme il y a lieu, pour pouvoir opérer ce dosage, d'éliminer complètement les nitrates, on perdrait l'azote organique soluble, si l'on procédait par des lavages à l'eau.

Voici comment il convient de procéder : dans une capsule à fond plat de 9 centimètres de diamètre, on met 2 grammes d'engrais à

essayer ; on y ajoute 10 centimètres cubes de liqueur de protochlorure de fer et 10 centimètres cubes d'acide chlorhydrique ; on
recouvre la capsule d'un entonnoir pour éviter les projections et on
porte rapidement à l'ébullition, qu'on maintient jusqu'à ce que les
vapeurs nitreuses soient complètement éliminées. Puis on évapore
à sec, au bain de sable, en s'arrêtant au moment où les vapeurs
acides cessent de se dégager ; il est important de ne pas prolonger
inutilement l'action du feu, afin de ne pas volatiliser les sels ammoniacaux ; puis on ajoute dans la capsule 4 grammes de craie pulvérisée ; on mélange la masse de manière à obtenir une poudre qui se
détache facilement et on enlève soigneusement la matière de la
capsule. Cette matière est introduite dans le tube à chaux sodée ;
comme elle est assez volumineuse, il y a lieu d'employer un tube
de 40 à 45 centimètres de longueur. On conduit l'opération comme
dans un dosage ordinaire. Dans ces traitements on n'a pas éliminé
l'ammoniaque ; l'azote trouvé représente donc la somme de l'azote
organique et de l'azote ammoniacal. Comme on a déterminé ce dernier isolément, on le retranche du chiffre trouvé dans cet essai et
on obtient ainsi l'azote qui existe à l'état organique.

5o Dosage de l'azote par la méthode Kjeldahl.

Cette méthode se recommande par la rapidité de son exécution et
par la facilité avec laquelle on peut mener de front un grand nombre
de dosages.

Le principe est le suivant : transformation de l'azote organique
en azote ammoniacal, au moyen de l'acide sulfurique additionné soit
de sulfate de cuivre déshydraté, soit d'oxyde rouge de mercure, soit
plutôt de mercure métallique, ajoutés dès le commencement ; on
distille ensuite le liquide avec une lessive de soude libre de toute
trace de carbonate, obtenue par l'ébullition avec de la baryte hydratée ; le dosage de l'ammoniaque se fait à la manière habituelle à
l'aide d'acide sulfurique titré.

Cette méthode n'est pas encore applicable aux cas où on se trouve
en présence de quantités appréciables de nitrates.

L'attaque par l'acide se fait dans des ballons de 200 à 250 centi-

mètres cubes de capacité; on introduit la matière, soit, 5 décigrammes ou 1 gramme et on ajoute 1 gramme environ de mercure
métallique, ou encore 2 ou 3 grammes de sulfate de cuivre sec en
poudre. Pour mettre la quantité voulue de mercure, il est commode
de se servir d'un tube capillaire jaugé une fois pour toutes. Les four-
rages très riches en matières grasses sont additionnés d'un peu de
paraffine, afin d'empêcher le boursouflement, puis on verse sur le
tout 20 centimètres cubes d'acide sulfurique pur et monohydraté;
on commence par chauffer doucement, puis plus fort. On maintient
l'ébullition jusqu'à ce que le liquide soit devenu tout à fait limpide.
Il n'est pas indispensable que la décoloration de l'acide soit complète; mais la limpidité doit être parfaite. Une demi-heure à trois
quarts d'heure d'ébullition sont en général suffisants pour la transformation intégrale de l'azote en ammoniaque. Les ballons sont placés inclinés sur un support de toile métallique. On peut placer dans
le goulot de ces ballons une petite boule de verre qui empêche d'une
part une évaporation trop forte de l'acide, et de l'autre toute perte
de matière par projection.

Le liquide étant devenu tout à fait clair à froid, on ajoute avec
précaution un peu d'eau, puis en plus ample quantité, jusqu'à ce
qu'on en ait mis 100 centimètres cubes.

On agite convenablement, afin de faire dissoudre complètement
le sel de mercure qui a pu rester au fond et on transvase dans le
ballon de distillation, en lavant à différentes reprises.

Les ballons de distillation sont d'une contenance de près d'un
litre.

On ajoute au liquide de la lessive de soude en quantité telle, qu'elle
soit en excès sur l'acide sulfurique. On a ainsi 200 à 250 centimètres
cubes de liquide final. Il convient de mettre en outre 3 ou 4 centimètres cubes d'une solution saturée de sulfure de sodium, destinée
à éliminer le mercure à l'état de sulfure et à empêcher ainsi la formation de combinaisons difficilement décomposables entre le mercure et l'ammoniaque.

La saturation par la soude met l'ammoniaque en liberté; il faut
se hâter d'adapter le ballon à l'appareil à distiller, afin d'éviter toute
perte d'ammoniaque.

Il convient d'ajouter un peu de zinc en grenaille, pour avoir, par le dégagement d'hydrogène, une ébullition plus tranquille et on distille en recueillant l'ammoniaque qui se dégage dans l'acide sulfurique titré. Pour éviter que des projections n'entraînent de la soude dans le liquide distillé, on se sert de l'appareil de M. Schlœsing. On peut avantageusement donner à celui-ci la forme adoptée par M. Aubin.

Lorsque le produit à analyser contient des nitrates, on peut se débarrasser de ceux-ci en chauffant la matière avec du protochlorure de fer additionné d'acide chlorhydrique et en évaporant jusqu'à sec ; cette opération peut se faire dans le ballon même dans lequel se fera l'attaque par l'acide sulfurique.

La quantité de matière sur laquelle on doit opérer est en général de 5 décigrammes ; pour les matières pauvres en azote ou pour celles qui sont peu homogènes, on peut prendre 1 à 2 grammes ; dans ce cas on augmente d'un tiers ou de la moitié la quantité d'acide sulfurique. Lorsqu'on opère sur des liquides, vin, bière, lait, etc., on prend de ceux-ci un volume tel que la quantité des matières fixes soit comprise entre 5 décigrammes et 1 gramme.

Il y a lieu de faire une correction pour les traces d'ammoniaque que pourrait contenir l'acide sulfurique employé ; cette correction est faite, une fois pour toutes, pour le même acide, par un dosage à blanc ; elle est ordinairement très faible. Il est indispensable que l'acide sulfurique soit exempt de composés nitrés ; une ébullition prolongée élimine complètement ces derniers.

6° Dosage de l'ammoniaque dans un sulfate d'ammoniaque au moyen de l'appareil de M. Schlœsing.

Le dosage de l'ammoniaque s'effectue toujours en chassant cette base au moyen d'une base fixe et en distillant ; l'ammoniaque est recueillie dans un acide titré, dont le degré de saturation mesure la proportion de l'alcali volatil.

On pèse 25 grammes de sulfate à essayer, on les dissout dans de l'eau, on amène le volume à 1 litre. On prend 20 centimètres cubes de cette dissolution, correspondant à 5 décigrammes de sulfate, au

moyen d'une pipette jaugée ; on les introduit dans le ballon à col
étiré de l'appareil ; on ajoute 150 centimètres cubes d'eau et
2 grammes de chaux éteinte ou une dissolution équivalente de soude
ou de potasse. (Le ballon peut être remplacé par une fiole de verre
trempé.) Le ballon communique au moyen d'un court tube de caoutchouc avec un serpentin de verre ascendant se reliant à un réfrigérant. Le réfrigérant porte un tube étiré, à boule, dont l'extrémité
plonge de 1 ou 2 millimètres au plus dans 10 centimètres cubes
d'acide sulfurique titré normal, contenus dans un petit ballon. L'appareil étant ainsi disposé et l'eau circulant dans le réfrigérant, on
chauffe le ballon de manière à porter à l'ébullition ; l'ammoniaque
se dégage d'abord et se combine à l'acide sulfurique titré ; il peut
arriver que, par suite d'une absorption trop rapide de l'ammoniaque,
la liqueur acide monte dans le tube ; mais la boule étant suffisante
pour la contenir, cela n'a pas d'inconvénient. On continue à chauffer
de manière à distiller lentement une certaine quantité d'eau, destinée à chasser les dernières traces d'ammoniaque. Quand la quantité d'eau distillée a atteint 50 centimètres cubes, on détache de l'appareil le tube à boule et ensuite seulement on arrête le feu ; on lave
le tube à boule à l'intérieur et au bout extérieur avec de petites
quantités d'eau, qu'on fait tomber dans le ballon. Puis on ajoute la
teinture de tournesol neutre et, au moyen d'une burette graduée,
en agitant constamment, une solution alcaline, jusqu'au moment où
la couleur du tournesol indique que la saturation est complète. On
lit le volume de liqueur alcaline employé, soit V. D'un autre côté,
dans un ballon semblable on a versé 10 centimètres cubes de l'acide
titré, le tournesol et 50 centimètres cubes d'eau distillée ; avec la
liqueur alcaline, on sature cet acide, on en note également le volume
employé, soit V' ; l'acide titré a été préparé de telle sorte que les
10 centimètres cubes employés saturent exactement $0^{gr},2125$ d'ammoniaque ou toute autre quantité voisine, rigoureusement connue. Pour
calculer, au moyen de ces éléments, l'ammoniaque contenue dans
les 5 décigrammes de sulfate d'ammoniaque sur lesquels on a opéré,
on établit la formule suivante :

$$x = \frac{V' - V}{V'} \times 0,2125.$$

Pour calculer à l'état d'azote on emploie la formule

$$x = \frac{V' - V}{V'} \times 0,175$$

en admettant que les 10 centimètres cubes d'acide titré correspondent exactement à ces quantités.

Préparation de l'acide sulfurique titré. — Dans une capsule de platine on met de l'acide sulfurique distillé pur ; on le porte à l'ébullition, qu'on maintient pendant au moins une demi-heure, puis on laisse refroidir la capsule sous une cloche rodée, pour éviter l'absorption de toute trace d'humidité. La capsule sera placée sur un trépied en fer afin d'éviter que la plaque de verre sur laquelle se trouve la cloche soit cassée par la température de la capsule. L'acide étant refroidi, on en verse rapidement dans un ballon bouché à l'émeri, taré sur la balance de précision, environ 50 centimètres cubes ; on bouche immédiatement et on en prend le poids. Celui-ci étant obtenu, on verse l'acide dans un ballon jaugé, en lavant de manière à entraîner tout l'acide qui avait été pesé. Le volume auquel on amènera la liqueur sera tel que 61^{gr},25 d'acide sulfurique soient amenés exactement à 1 litre ; on étendra donc la solution de manière à obtenir cette concentration. On appelle cette liqueur : *liqueur acide normale.* Le liquide ainsi obtenu est mélangé avec soin et conservé dans un flacon bouché à l'émeri. Comme le verre a souvent une réaction alcaline et qu'une partie de l'acide pourrait être saturée par cette alcalinité du verre, il convient de choisir des flacons dans lesquels a séjourné pendant longtemps de l'acide sulfurique concentré. Pour l'usage il est commode de mettre ce liquide dans un matras, qui porte un bouchon en caoutchouc muni d'une pipette jaugée. Le matras et la pipette ont été au préalable soumis, pendant quelques semaines, à l'action d'acide sulfurique concentré.

En donnant cette formule pour la préparation des acides titrés nous n'entendons pas dire que c'est la seule qu'on puisse employer. Elle nous a semblé convenable pour l'emploi. Mais tout autre acide titré conduit au même résultat, à la condition de renfermer une proportion d'acide rigoureusement connue. Quel que soit d'ailleurs le mode de préparation des acides titrés, il est indispensable d'y doser exactement l'acide, ce qu'on peut faire par divers procédés que nous ne décrirons pas ici.

Préparation de la liqueur acide décime. — 100 centimètres cubes d'acide sulfurique titré normal sont versés dans une carafe jaugée de 1 litre ; on complète le volume à 1 litre avec de l'eau distillée préalablement bouillie.

Préparation de l'eau de chaux. — On met 200 à 300 grammes de chaux éteinte dans un flacon bouché de 5 litres, on remplit avec de l'eau, on agite et, après avoir laissé déposer, on jette l'eau qui a dissous les parties salines que la chaux pouvait contenir. On remet de la nouvelle eau en agitant de temps en temps. Pour employer cette eau de chaux, on la filtre dans un flacon, en évitant autant que possible l'accès de l'air. On bouche au moyen d'un bouchon qui porte deux tubes étirés au bout et recourbés à angle droit ; l'un sert à l'écoulement de l'eau de chaux et l'autre à la rentrée de l'air. Ces deux tubes sont eux-mêmes bouchés au moyen d'un petit tube en caoutchouc muni d'un obturateur en verre.

Préparation de la magnésie. — On triture dans un mortier le carbonate de magnésie en pains du commerce et on en fait une pâte homogène en l'additionnant successivement de petites quantités d'eau ; on introduit cette pâte liquide dans un flacon avec de l'eau distillée, on décante de temps en temps la liqueur qui surnage en la remplaçant par de nouvelle eau distillée et en agitant fréquemment ; cette opération a pour but d'enlever les alcalis qui sont généralement mélangés à ce produit et qui pourraient exercer une action sur les matières organiques azotées. On jette sur un entonnoir bouché par un tampon de coton, on laisse égoutter, on sèche à l'étuve, on introduit dans un creuset en terre et on calcine pendant une heure au rouge peu intense. Le produit obtenu est conservé dans des flacons bien bouchés. Il est prudent d'en calciner la quantité nécessaire au dosage au moment même de l'emploi, afin de chasser les traces d'ammoniaque que la magnésie aurait pu absorber.

Recherche des sulfocyanures dans les sulfates d'ammoniaque. — Il arrive quelquefois que des sulfates d'ammoniaque, surtout ceux qui proviennent de la fabrication du gaz d'éclairage, contiennent du sulfocyanhydrate d'ammoniaque, corps excessivement vénéneux, pour les plantes aussi bien que pour les animaux. L'emploi de ce produit peut avoir dans les cultures un effet désastreux, il faut donc rejeter complètement les substances qui en renferment. Il suffit de rechercher qualitativement la présence de ce composé ; on regardera comme impropre à l'usage agricole tout sulfate d'ammoniaque dans lequel on constatera sa présence. On dissout une petite quantité de sulfate d'ammoniaque dans l'eau ; on y ajoute quelques gouttes d'une solution étendue de perchlorure de fer, qui donne immédiatement une belle coloration rouge caractéristique des sulfocyanures.

7° Dosage de l'ammoniaque dans un engrais complexe.

Les engrais complexes contiennent généralement, outre l'ammoniaque toute formée, de la matière organique contenant de l'azote ; si l'on se servait, comme pour un sulfate d'ammoniaque, de chaux pour déplacer l'alcali volatil, on risquerait de transformer en ammoniaque une partie de cet azote organique et on aurait ainsi un dosage défectueux.

Pour empêcher cette action de se produire, on remplace la chaux par de la magnésie, qui n'a qu'une action extrêmement faible sur les matières organiques azotées. L'opération se fait de la même manière que pour le sulfate d'ammoniaque, en opérant sur un gramme d'engrais et environ 1 gramme de magnésie calcinée. Si l'engrais est riche en sels ammoniacaux, on prend l'acide sulfurique titré normal, dont on opère la saturation au moyen de la liqueur de potasse.

Si, au contraire, l'engrais est pauvre, on remplace l'acide sulfurique normal par l'acide sulfurique décime ; dans ce dernier cas, le titrage de cet acide se fait au moyen d'eau de chaux : 10 centimètres cubes d'acide décime correspondent à $0^{gr},02125$ d'ammoniaque, soit, à 0,0175 d'azote.

On vient d'exposer la méthode qui consiste à distiller directement la matière avec de l'eau et de la magnésie. Ce procédé rencontre quelquefois des difficultés assez grandes, surtout lorsqu'on est forcé d'opérer sur de notables quantités de matière, en raison de la faible teneur en ammoniaque ; tel est le cas du fumier de ferme par exemple. En appliquant directement le feu sous le ballon on risque de surchauffer la matière, qui se colle au fond et on peut ainsi produire de l'ammoniaque aux dépens de la matière organique azotée. Cet inconvénient peut être évité d'une manière complète au moyen d'un bain de chlorure de calcium, dans lequel on fait plonger le ballon. Le bain est chauffé de manière à permettre l'ébullition du liquide contenu dans le ballon.

Il est préférable, dans beaucoup de cas, au lieu de distiller la matière elle-même, d'extraire par le lavage l'ammoniaque qui y est contenue et de distiller le liquide ainsi obtenu après l'avoir rendu alcalin au moyen de la magnésie.

Lorsqu'il y a un peu de matière organique dans la substance à analyser, le lavage peut s'opérer à l'eau ; mais dans le cas où l'on est en présence de beaucoup de matières organiques et notamment des matières brunes des fumiers, une partie de l'ammoniaque pourrait être retenue dans des combinaisons insolubles ; il faut, dans ce cas, lorsqu'on veut opérer le lavage, se servir d'eau légèrement acidulée d'acide chlorhydrique, afin de détruire la combinaison de ces matières avec l'ammoniaque, qui entre ainsi en solution. Dans ce dernier cas, avant de procéder à la distillation, il faut saturer l'acide par de la magnésie dont on mettra d'ailleurs un excès.

La précaution de traiter au préalable par un acide est indispensable lorsqu'il existe dans la matière du phosphate ammoniaco-magnésien, qui n'est que difficilement décomposé par la magnésie quand il se trouve à l'état concret. Mais lorsqu'il a été au préalable dissous par un acide, il laisse facilement dégager son ammoniaque sous l'influence de la magnésie.

Quand on a recours à l'acide, on peut opérer sur une quantité notable de matière, soit par exemple 50 grammes ; dans ce cas, on décantera le liquide dans un ballon jaugé de 1 litre et en lavant à plusieurs reprises le résidu, on arrivera au volume de 1 litre. De ce liquide rendu homogène, on prendra une fraction déterminée, soit 20 centimètres cubes correspondant à 1 gramme de matière, soit plus si la quantité d'ammoniaque est faible.

Les liqueurs acides, dans lesquelles on doit rechercher l'ammoniaque, ne doivent jamais avoir pendant longtemps le contact de l'air, qui pourrait augmenter la proportion de cet alcali. Pour la même raison doit-on éviter la proximité de vapeurs ammoniacales pendant ces manipulations.

Il arrive quelquefois que, dans ces opérations, l'eau qui distille entraîne de l'acide carbonique qui reste dissous dans la liqueur distillée. Le titrage se fait alors d'une manière incertaine et il convient, avant de titrer, de se débarrasser de cet acide carbonique. On y arrive en chauffant à l'ébullition pendant quelques instants la liqueur contenue dans le ballon, en ayant grand soin d'éviter toute projection ; on opère alors le dosage comme précédemment et sans laisser refroidir.

8° Dosage de l'acide nitrique dans les nitrates.
(Méthode de M. Schlœsing.)

Ce procédé est basé sur la transformation intégrale de l'acide nitrique en bioxyde d'azote, qu'on recueille à l'état gazeux et dont on prend le volume ; il s'applique non seulement aux nitrates commerciaux, mais encore aux engrais dans lesquels on a introduit des nitrates.

On compare le volume de bioxyde formé à celui que donne une même quantité de nitrate parfaitement pur ; le rapport des deux volumes donne la proportion de nitrate réel contenu dans le produit essayé.

Mais pour que cette comparaison conduise à des résultats exacts, il faut rendre aussi égales que possible toutes les conditions de l'opération et, par suite, les erreurs relatives. On y arrive en s'arrangeant de manière à recueillir des volumes très voisins de bioxyde d'azote dans les deux cas du titrage et de l'essai, ce qu'il est toujours facile d'obtenir. Dans ce but il convient de faire d'abord l'essai avec la matière à analyser ; le volume de bioxyde d'azote étant lu, on emploie une quantité de liqueur titrée de nitrate pur telle qu'elle donne un volume à peu près égal.

Essai d'un nitrate de soude. — On prépare une liqueur titrée contenant par litre 66 grammes de nitrate de soude pur et sec ; on prend également 66 grammes de nitrate à essayer, qu'on dissout et qu'on amène au volume de 1 litre. Cette quantité a paru convenable, parce que dans les conditions de l'expérience, elle permet d'obtenir un volume de gaz voisin de 100 centimètres cubes. L'appareil dans lequel se produit la réaction est un ballon de 150 centimètres cubes de capacité ; le ballon est muni d'un bouchon en caoutchouc percé de deux trous, qui porte un tube capillaire de 30 centimètres de longueur, plongeant à quelques centimètres du fond du ballon, de manière que le bout du tube soit toujours au-dessus du liquide. L'autre bout du tube est relié par un tube de caoutchouc assez étroit, mais épais, à un petit entonnoir ; il existe un intervalle de 25 millimètres entre le bout du tube et la douille de l'entonnoir ; à l'endroit libre du caoutchouc on place une pince qui, serrant le caoutchouc, ferme d'une manière complète. L'autre trou du bouchon porte un tube à gaz recourbé à angle droit, relié par un caoutchouc à un autre tube recourbé, dont la partie plongeant dans l'eau doit avoir de 20 à 30 centimètres de longueur, afin de condenser la vapeur d'eau : le tube plonge dans une cuve d'une forme spéciale et remplie d'eau. Si l'on fait une série de dosages successifs, il est bon de laisser couler constamment, dans cette cuve, de l'eau qui élimine, à mesure, l'eau devenue chaude et chargée d'acide chlorhydrique et qui maintient le niveau constant. Dans le ballon on verse d'abord 40 centimètres cubes de solution de protochlorure de fer ; on place le bouchon et, par l'entonnoir, on fait couler 40 centimètres cubes d'acide chlorhydrique, en pinçant le caoutchouc au moment où il reste encore un peu d'acide chlorhydrique dans l'entonnoir. Cette opération a pour but d'éviter l'emprisonnement de l'air dans le tube capillaire ou la douille de l'entonnoir ; cet air serait entraîné dans la suite et augmenterait le volume du bioxyde d'azote. L'appareil étant ainsi disposé, on place sous le ballon un bec de gaz muni d'une couronne et on chauffe de manière à produire une ébullition régulière ; l'air se trouve expulsé et sort bulle à bulle par le tube ; lorsque, par une ébullition de 5 à 6 minutes, tout l'air est expulsé, que par suite il ne se dégage plus que de la vapeur d'eau qui se condense au contact de l'eau froide, on place sur cette extrémité recourbée du tube une cloche graduée de 100 centimètres cubes, exactement remplie d'eau ; puis on verse dans l'entonnoir, au moyen d'une pipette jaugée, 5 centimètres cubes de la liqueur du nitrate à essayer et, ouvrant légèrement la pince, on laisse couler ce liquide très lentement dans le ballon, afin de ne pas arrêter l'ébullition, ce qui entraînerait une absorption. On referme la pince avant que le liquide ait atteint la douille de l'entonnoir, puis on lave celui-ci avec 5 centimètres cubes d'acide chlorhydrique qu'on verse, au moyen d'un tube étiré, sur tout le pourtour supérieur de l'entonnoir. Ce liquide est introduit à son tour, avec les mêmes précautions ; on renouvelle ce lavage trois fois, en ayant constamment soin d'empêcher toute rentrée de l'air ; l'ébullition maintenue constamment dans le ballon fait dégager le bioxyde d'azote qui se rend sous la cloche. On la prolonge jusqu'au moment où le volume de gaz n'augmente plus ; alors, sans arrêter l'ébullition, on retire la cloche et on amène, en enfonçant plus ou moins la cloche, le niveau de l'eau dans celle-ci au niveau de l'eau dans la cuve ; il faut avoir soin de tenir la cloche avec une pince et non avec la main, ou mieux encore, au moyen d'une pince fixe, puis on lit le volume occupé par le gaz dans la cloche, soit V, après avoir attendu quelques instants pour laisser le gaz prendre la température ambiante. On remplit de nouveau la cloche avec de l'eau, on la place sur l'extrémité du tube, le vide s'étant maintenu dans le ballon par l'ébullition qu'on a laissée se continuer ; on introduit par l'entonnoir 5 centimètres cubes de la solution titrée de nitrate pur en opérant exactement de la même manière et prenant les mêmes précautions que dans l'opération qui précède. On recueille de nouveau le bioxyde d'azote, on lit son volume comme on vient de l'indiquer, soit V' le second volume obtenu, le rapport $\frac{V}{V'} \times 100$ donnera la quantité de nitrate réel contenu dans 100 du produit essayé.

On peut faire cinq ou six dosages consécutifs sans renouveler les liquides du ballon et sans interrompre l'ébullition ; dans ces conditions, les dosages se font très rapidement ; mais il faut avoir la précaution de maintenir constamment le liquide du ballon à un volume sensiblement égal au volume primitif, les liquides qu'on introduit devant remplacer à mesure ceux qui disparaissent par l'ébullition. Si la concentration devenait très forte, il faudrait ajouter assez d'acide chlorhydrique pour ramener au volume voulu.

Essai d'un nitrate de potasse. — Pour l'essai d'un nitrate de potasse, on opérera exactement de la même manière ; mais les liqueurs sont préparées en dissolvant 80 grammes de nitrate pur et autant du nitrate à essayer dans le volume de 1 litre. Ce chiffre est calculé également de manière à donner un volume de gaz voisin de 100 centimètres cubes.

Préparation de la solution de protochlorure de fer. — On prend 200 grammes de pointes de fer, on les met dans un ballon avec 100 centimètres cubes d'eau et on y ajoute peu à peu, en chauffant, assez d'acide chlorhydrique pour que le fer soit dissous ; on amène le volume de la liqueur à 1 litre.

9° Dosage du nitrate de soude dans un engrais complexe.

1° *Engrais riche en nitrate.* — On prend 66 grammes d'engrais, on broye dans un mortier de verre et on traite dans le mortier même par de l'eau, le liquide est versé dans un ballon de 1 litre et l'engrais lavé à plusieurs reprises. Tous les liquides décantés sont réunis dans le ballon jaugé ; on complète le volume à 1 litre ; le nitrate est entré en solution et on opère avec cette solution claire, filtrée s'il est nécessaire, comme s'il s'agissait d'un nitrate de soude, mais au lieu d'introduire dans le ballon seulement 5 centimètres cubes de liqueur, on prend plusieurs fois 5 centimètres cubes, suivant la richesse de l'engrais, de manière à avoir un volume de bioxyde d'azote qui ne soit pas trop inférieur à 100 centimètres cubes ; soit n le nombre de pipettes de 5 centimètres cubes employées ; soit V' le volume de gaz obtenu avec 5 centimètres cubes de solution titrée de nitrate de soude pur, V le volume de gaz obtenu avec la matière, on aura pour la quantité de nitrate contenu dans 100 d'engrais $\frac{V}{nV'} \times 100$.

2° *Engrais pauvre en nitrate.* — On prend 66 grammes d'engrais ; on les broye dans un mortier, on les délaye dans l'eau, on laisse reposer pendant quelques moments, on décante dans un ballon jaugé de 1 litre la liqueur surnageante, on lave plusieurs fois le résidu resté dans le mortier ; on transvase constamment la liqueur surnageante dans le ballon jaugé, jusqu'à ce qu'on ait complété le volume de 1 litre.

On mélange cette liqueur et on y ajoute par petites portions de la chaux éteinte, jusqu'au moment où la liqueur bleuit le papier rouge du tournesol ; on prélève 500 centimètres cubes, on les évapore dans une capsule de porcelaine et on les amène exactement au volume de 50 centimètres cubes. On opère alors avec cette liqueur comme on a fait pour l'engrais riche en nitrate ; le calcul se fait de la même manière, mais il faut diviser par 10 le résultat obtenu.

L'addition de chaux a pour objet d'empêcher l'acide nitrique d'être déplacé par les acides sulfurique ou phosphorique libres, dans le cas où l'on opérerait en présence d'un superphosphate.

Lorsque l'engrais est excessivement pauvre en nitrate, c'est-à-dire lorsqu'il en contient à peine 1 p. 100, on peut, au lieu de continuer à ajouter de la solution dans le ballon jusqu'au moment où on a obtenu un volume de bioxyde d'azote voisin de 100 centimètres cubes, s'arrêter à un volume inférieur. Le calcul se fait du reste de la même manière.

Pour calculer en acide nitrique, on multiplie par 0,6207 le nitrate de soude trouvé. Pour calculer en azote nitrique on multiplie le nitrate de soude par 0,1647.

Remarque. — Il arrive quelquefois que les engrais contiennent des carbonates solubles ; dans ce cas l'acide carbonique, se dégageant en même temps que le bioxyde d'azote, pourrait augmenter le volume de ce gaz et, par suite, conduire à un résultat trop fort. On peut s'assurer de la présence de ces carbonates solubles en délayant, dans 20 ou 30 centimètres cubes d'eau, une dizaine de grammes d'engrais, on jette sur un filtre et, dans quelques centimètres cubes de la liqueur filtrée, on verse un peu d'acide chlorhydrique : s'il y a dégagement de bulles gazeuses on conclut à la présence des carbonates solubles. Dans ce cas, au lieu de faire la trituration dans le mortier avec de l'eau pure, on emploie de l'eau contenant 3 à 4 p. 100 d'acide chlorhydrique. Lorsque toute effervescence a cessé et que la liqueur reste acide, on continue les lavages avec de l'eau pure jusqu'au volume de 1 litre, en suivant la marche indiquée ; mais lorsqu'on est forcé de soumettre le liquide à l'évaporation, on ne peut pas opérer avec un liquide acide de peur de perdre l'acide nitrique ; alors, ayant amené le liquide neutre ou alcalin à un volume très réduit, on décompose les carbonates par une addition d'acide acétique ; ce n'est qu'après cette addition qu'on amène au volume de 50 centimètres cubes et qu'on continue le dosage comme plus haut. L'acide carbonique ayant été éliminé ne peut plus fausser les résultats.

Quelques matières fertilisantes, telles que les guanos, peuvent contenir de l'acide oxalique. La décomposition partielle de cet acide peut produire des gaz, acide carbonique et oxyde de carbone, qui viennent s'ajouter au bioxyde d'azote et faussent ainsi le dosage. Il est facile de se mettre à l'abri de cette cause d'erreur en ajoutant à la matière, avant la dissolution, un peu de chaux qui maintient l'acide oxalique insoluble à l'état d'oxalate de chaux. Les liqueurs claires, dans lesquelles on dose les nitrates, sont ainsi complètement débarrassées d'acide oxalique.

VI. — Dosage de l'acide phosphorique sous ses divers états.

1° Remarques générales sur l'acide phosphorique.

On trouve dans le commerce les phosphates à des états différents :

1° Phosphates minéraux, constitués par du phosphate de chaux tribasique, plus ou moins mélangé de carbonate de chaux, de matières siliceuses, etc., et amené à des degrés divers de finesse par des moyens mécaniques ;

2° Phosphates d'os verts broyés ; phosphates d'os dégélatinés ; noir animal, noir de raffinerie, de sucrerie, etc. ;

3° Phosphates dans les produits tels que : fumier, poudrette, guano, etc. ;

4° Phosphates traités par les procédés chimiques : superphosphates d'os ou minéraux, phosphates précipités, phosphate ammoniaco-magnésien ;

5° Phosphates provenant des traitements métallurgiques tels que ceux des scories.

Tous les phosphates peuvent être employés en agriculture pour apporter aux plantes l'acide phosphorique, et tous sont susceptibles d'être assimilés, dans une certaine mesure, par l'organisme végétal. Mais la faculté d'être utilisés par les plantes varie beaucoup, suivant la forme sous laquelle se présente l'acide phosphorique : dès lors il était rationnel que des distinctions d'origine et des différences de valeur fussent introduites dans le commerce de matières aussi variées ; mais pour régler équitablement les prix, il eût fallu posséder des notions vraies, acquises par la comparaison expérimentale des effets que produisent les divers phosphates dans les conditions diverses de la culture ; en l'absence de semblables notions, on a imaginé des conventions arbitraires, ne reposant point sur l'expérience, d'où sont résultées des différences considérables entre les prix de l'unité d'acide phosphorique dans les matières phosphatées, notamment entre les prix de cette unité dans les produits d'industrie, superphosphates, phosphates précipités, phosphates enrichis, et les prix de la même unité dans les engrais phosphatés n'ayant pas subi de traitement : phosphates naturels, os, poudrette, etc.

Il convient d'entrer sur ce point dans quelques développements, avant de décrire les méthodes d'analyse applicables aux diverses matières phosphatées.

Lorsque Liebig conseilla, vers 1843, de solubiliser l'acide phosphorique des os, au moyen d'un traitement par un acide, tous les physiologistes et agronomes étaient persuadés que la solubilité dans l'eau d'un aliment minéral des plantes est la condition première de son absorption. Des essais institués alors en Angleterre, pour comparer les effets des os broyés et du superphosphate d'os, donnèrent un avantage marqué à ce dernier, et déterminèrent la création d'une fabrication qui prit rapidement de grands développements, surtout quand elle admit comme matière première les phosphates minéraux.

Naturellement, l'acide phosphorique acquit dans les superphosphates une valeur beaucoup plus grande que celle qu'il avait avant traitement dans le phosphate minéral ou phosphorite. La nouvelle industrie se propagea en France, en Allemagne. Mais une difficulté imprévue ne tarda pas à se produire : la rétrogradation ; l'acide phosphorique perdait graduellement sa solubilité première dans les superphosphates provenant de certaines phosphorites.

Quelle valeur fallait-il donner à cet acide rétrogradé que l'eau ne dissolvait plus, et dont pourtant le mode de combinaison primitif avait été certainement détruit par l'acide sulfurique ? En Angleterre, les agriculteurs, fidèles à leur opinion sur la solubilité nécessaire des aliments des plantes, ne voulurent payer que l'acide soluble à l'eau : c'est pourquoi les fabricants s'étudièrent à éviter la rétrogradation, soit en employant un excès d'acide sulfurique, soit en choisissant de préférence certaines phosphorites. Les usages anglais passèrent en Allemagne. Il en fut autrement en France. Les chimistes avaient introduit dans l'analyse des phosphates un réactif précieux, le citrate d'ammoniaque, ayant la propriété de dissoudre l'oxyde de fer, l'alumine, les phosphates de ces deux oxydes, quand ces matières n'offrent qu'une très faible cohésion : il peut même laisser précipiter à l'état de phosphate ammoniaco-magnésien la totalité de l'acide phosphorique, tout en gardant intégralement les oxydes ; il réalise ainsi, d'une manière simple, une séparation autrefois très laborieuse. A cette propriété précieuse, on crut en France pouvoir en ajouter une autre qui serait plus précieuse encore si elle pouvait être admise comme réelle : on fit du citrate le moyen de mesurer l'efficacité comme engrais et, par suite, la valeur vénale de l'acide phosphorique contenu dans les diverses matières phosphatées.

Pour en venir là, on supposait que la faculté d'être assimilés est, chez les phosphates, non plus en relation directe avec la solubilité dans l'eau, comme en Angleterre, mais bien en relation inverse avec la cohésion, le phosphate de moindre cohésion devenant le plus assimilable. La solubilité dans le citrate était assurément le signe d'une très faible cohésion : ce réactif partagea tous les phosphates en deux catégories, les phosphates solubles au citrate, les insolubles.

Puis, l'usage fut introduit d'appeler du nom d'assimilables les phosphates solubles dans ce réactif; l'acide des superphosphates, des phosphates précipités, des phosphates enrichis, c'est-à-dire l'acide des produits livrés par l'industrie chimique, se trouva soluble dans le citrate et réputé dès lors assimilable. Implicitement, le public devait croire et crut en effet que l'acide des phosphates insolubles au citrate était non assimilable, ou tout au moins peu assimilable, et il accorda à l'acide soluble au citrate une valeur double et parfois triple de la valeur de l'acide des phosphates insolubles.

De tels errements ne sont plus permis aujourd'hui : il est certain que l'assimilabilité d'un phosphate ne dépend pas de sa solubilité dans le citrate : qu'une racine rencontre, vers son extrémité, un fragment d'os, de nodule des Ardennes, de phosphorite du Lot, elle dissoudra et absorbera du phosphate en vertu de ses sucs propres, et malgré la cohésion qui rend ce fragment insoluble dans le citrate. Cela ne veut pas dire que la cohésion ne joue aucun rôle : un fragment d'apatite ou de quelque autre combinaison douée d'une grande dureté, se laisse probablement moins attaquer qu'un autre fragment de phosphate plus tendre ; il n'en demeure pas moins acquis que le plus grand nombre des phosphorites peut servir d'aliment direct pour les plantes, sans passer par la désagrégation sulfurique ; il est tout aussi certain que les phosphates d'os, les phosphates de fumier, des poudrettes, des guanos, insolubles dans le citrate, sont néanmoins parfaitement assimilables et assimilés par la végétation.

Des expériences de comparaison instituées dans ces dernières années en France, en Belgique, en Allemagne, en Angleterre, ont montré que l'acide phosphorique soluble à l'eau, l'acide des superphosphates rétrogradés, l'acide des phosphates précipités produisent des effets de même ordre, et que l'acide des phosphorites produit, dans beaucoup de cas, des récoltes sensiblement égales à celles que donnent les phosphates ayant subi un traitement chimique. Même, dans les terrains chargés de matière organique et pauvres en chaux, l'avantage demeure aux phosphates d'os, au noir, aux phosphorites.

C'est qu'en effet il paraît très probable aujourd'hui que la diffusion de l'engrais au sein du sol joue le rôle essentiel dans son utilisation : cette diffusion est produite, dans les superphosphates, par la solubilité de l'acide libre ou combiné, qui se diffuse autour de chaque parcelle d'engrais, dans un certain rayon, limité par l'insolubilisation de l'acide phosphorique au contact de l'oxyde de fer, de l'alumine, du calcaire du sol, dans les phosphates minéraux, elle est déterminée surtout par l'extrême pulvérisation, l'épandage soigné et les labours : mais que la diffusion soit chimique, comme dans le premier cas, ou mécanique, comme dans le second, on peut regarder son degré de perfection comme déterminant le degré d'utilisation.

Pour que les phosphates naturels donnent des résultats se rapprochant de ceux des phosphates traités par des moyens chimiques, il est donc nécessaire qu'ils soient amenés à un degré de division mécanique très grand, se rapprochant, autant que possible, du degré de finesse que donne une désagrégation par l'acide sulfurique.

La chimie ne possède d'ailleurs aucun moyen de mesurer, par l'analyse, le degré d'assimilabilité, degré variable qui dépend beaucoup des conditions d'emploi. Il n'est pas nécessaire qu'elle fournisse une semblable mesure ; sa tâche est de doser exactement l'acide phosphorique sous ses divers états.

Que les agriculteurs abandonnent les préjugés sur la valeur relative des divers phosphates, préjugés qui leur causent de graves préjudices, et instituent à leur tour des essais comparatifs. C'est à eux qu'il appartient de déterminer la valeur agricole comparative des engrais, par leur expérience propre et en raison des résultats obtenus, et, par suite, de régler les rapports entre les prix de l'acide phosphorique des divers engrais, d'après les effets qu'ils auront observés.

En définitive, le citrate d'ammoniaque ne peut pas être considéré comme le critérium de l'assimilabilité d'un phosphate ; il est essentiel que les marchands d'engrais et les agriculteurs soient bien éclairés sur ce point. Il est également essentiel que les tribunaux appelés à juger leurs contestations, sachent bien qu'un phosphate peut être dit assimilable, alors même qu'il n'est pas soluble au citrate.

On ne doit donc pas réserver la dénomination d'assimilables aux seuls phosphates ayant subi des traitements chimiques et solubles dans le citrate, parce que cette dénomination laisse supposer implicitement que l'acide phosphorique des autres engrais phosphatés n'est pas assimilable, et qu'ainsi elle établit en faveur des premiers une supériorité et une plus-value qui ne sont pas justifiées dans beaucoup de cas ; la dénomination d'assimilables peut être, à bon droit, appliquée à des phosphates qui résistent à l'action du citrate d'ammoniaque.

2° Dosage de l'acide phosphorique dans un phosphate de chaux naturel.

Les phosphates de chaux naturels, dont l'emploi est si fréquent en agriculture, présentent les compositions les plus variées ; leur richesse est quelquefois bien inférieure à celle qui leur est attribuée; ils sont fréquemment fraudés avec des matières inertes. Le plus souvent, on les trouve sous la forme pulvérulente. L'acide phosphorique est le seul élément qu'il y ait en général intérêt à y chercher.

Méthode dite commerciale. — On a souvent employé et on emploie encore quelquefois une méthode appelée *commerciale*, qui consiste à dissoudre le phosphate dans l'acide chlorhydrique bouillant, à filtrer et à ajouter de l'ammoniaque dans la liqueur filtrée. On obtient un précipité qui renferme le phosphate de chaux, mais qui contient en même temps tout l'oxyde de fer et toute l'alumine que l'acide chlorhydrique avait dissous. Le dosage se trouve ainsi être inexact, et, dans beaucoup de cas, cette inexactitude atteint des proportions énormes. Il peut même arriver que des matières ne contenant aucune trace de phosphate accusent, par ce procédé, des quantités de phosphate considérables. Aussi cette méthode a-t-elle été l'occasion et la base de fraudes innombrables.

Ce procédé doit être rejeté *d'une manière absolue;* son usage doit être *interdit* et aucune transaction ne doit se faire sous la garantie de l'analyse dite *commerciale.*

Les chimistes, qui consentent à employer ce procédé, se font les complices d'une des fraudes les plus considérables dont l'agriculture puisse être l'objet.

3o Méthode par le phosphate ammoniaco-magnésien.

On prend 1 gramme de phosphate finement pulvérisé, on l'introduit dans un ballon à fond plat de 200 centimètres cubes de capacité, avec 10 centimètres cubes d'acide chlorhydrique, et 20 centimètres cubes d'eau; on fait bouillir au bain de sable pendant un quart d'heure, on transvase dans une capsule à fond plat, en lavant plusieurs fois le ballon, sans se préoccuper des matières terreuses qui peuvent y rester, puis on évapore à sec au bain de sable, afin de rendre insoluble la silice qui s'était dissoute; on reprend par 5 centimètres cubes d'acide chlorhydrique et 20 centimètres cubes d'eau; on chauffe de nouveau quelques minutes, on verse sur un petit filtre sans plis et on lave cinq ou six fois, chaque fois avec 5 centimètres cubes d'eau chaude ; le volume de la liqueur recueillie ne doit pas dépasser 100 centimètres cubes.

Lorsque la matière est peu homogène, il est bon d'opérer sur une plus grande quantité de matière, soit, par exemple, 20 grammes, qu'on attaque d'ailleurs de la même manière, mais par une quantité d'acide chlorhydrique beaucoup plus grande. On amène le volume à 1 litre et on prend 50 centimètres cubes de cette solution, qui représente 1 gramme de phosphate. On évapore à sec pour séparer la silice et on continue le traitement comme il vient d'être dit.

Dans l'un ou l'autre cas, on ajoute à cette liqueur de l'ammoniaque par petites quantités, jusqu'au moment où il se produit un trouble, et alors, peu à peu, une solution d'acide citrique à 25 p. 100 en agitant constamment jusqu'au moment où le précipité s'est redissous. On ajoute de nouveau de l'ammoniaque par petites portions ; si la liqueur rendue ainsi ammoniacale ne se trouble plus par ces additions, il y a, dans la liqueur, assez de citrate d'ammoniaque pour maintenir en solution le fer et l'alumine ; si, au contraire, l'addition d'ammoniaque a de nouveau produit un trouble, il faut encore une fois rajouter de l'acide citrique et ainsi, alternativement, de l'ammoniaque et de l'acide citrique, par petites portions, jusqu'au moment où la liqueur, tout en étant ammoniacale, est restée claire.

L'acide citrique a pour but de maintenir en solution la chaux, l'alumine et l'oxyde de fer, en formant des sels doubles avec l'ammoniaque. Il arrive toutefois, lorsqu'il y a de la magnésie dans la matière analysée, qu'on n'a pas un liquide absolument clair, par suite de la formation de phosphate ammoniaco-magnésien ; mais on reconnaît facilement ce précipité qui est cristallin, et il n'y a pas lieu de s'en préoccuper. On ajoute 35 centimètres cubes d'ammoniaque et 15 centimètres cubes d'une solution contenant 10 p. 100 de chlorure de magnésium ; on agite, sans frotter les parois du vase avec la baguette, afin d'éviter la formation d'un dépôt adhérent sur le verre ; on couvre avec une plaque de verre, ou bien on place sous une cloche et on laisse reposer pendant 12 heures au moins.

Il arrive souvent, lorsque le phosphate sur lequel on opère contient beaucoup de chaux, qu'il se précipite, en même temps que le phosphate ammoniaco-magnésien, une matière gélatineuse constituée par du citrate de chaux. Dans ce cas, non seulement le dosage du phosphate est trop élevé, mais encore la filtration devient extrêmement lente. On peut éviter la formation de ce précipité en opérant sur des liqueurs plus étendues et en rajoutant de plus grandes quantités d'acide citrique.

C'est surtout dans le cas où il y a relativement peu d'acide phosphorique que cet effet se produit, on fait mieux alors d'employer la méthode au molybdate d'ammoniaque.

Au bout de douze heures, l'acide phosphorique est entièrement précipité à l'état de phosphate ammoniaco-magnésien. On recueille le précipité sur un petit filtre plat, on détache avec une barbe de plume la matière adhérente et on fait tomber sur le filtre au moyen d'eau contenant un tiers de son volume d'ammoniaque, mélange qui sert également pour achever le lavage, qu'il ne faut pas prolonger outre mesure ; 30 à 40 centimètres cubes d'eau ammoniacale, employés par petites portions, suffisent amplement à ces lavages. Si on employait de l'eau pure, on dissoudrait une partie de phosphate ammoniaco-magnésien ; celui-ci est presque totalement insoluble dans l'eau ammoniacale. On fait sécher le filtre à l'étuve, on détache la matière, on brûle le filtre au rouge dans un creuset de platine, on rajoute la matière et on maintient le rouge pendant quelques minutes ; le phosphate ammoniaco-magnésien se transforme en pyrophosphate de magnésie. Souvent le produit calciné est noir ; il suffit, pour lui enlever cette couleur, due à la présence d'un peu de charbon, de l'arroser avec deux ou trois gouttes d'acide azotique et de le calciner de nouveau.

Le poids obtenu étant multiplié par 0,639 donne l'acide phosphorique contenu dans la matière analysée. Pour calculer cet acide phosphorique en phosphate tribasique de chaux, on le multiplie par 2,18.

Il importe de faire remarquer ici que le phosphate ammoniaco-magnésien contient quelquefois de petites quantités de magnésie ou de chaux et que, par suite, en opérant comme nous venons de le dire, on peut doser l'acide phosphorique trop haut. On est averti de la présence de ces impuretés par l'aspect du précipité, qui n'est plus entièrement cristallin et qui devient partiellement floconneux.

Dans ce cas, il est indispensable de redissoudre le phosphate ammoniaco-magnésien dans le verre même dans lequel il s'est précipité,
après qu'on a séparé par filtration à peu près toutes les eaux mères.
On commence à verser sur le filtre égoutté 10 centimètres cubes
d'eau contenant 5 p. 100 d'acide azotique et on continue avec cette
même liqueur le lavage du filtre, en recueillant le liquide filtré dans
le vase dans lequel est restée la plus grande partie du phosphate
ammoniaco-magnésien ; le volume total ne doit pas dépasser 30 à
40 centimètres cubes. La dissolution étant obtenue, on ajoute 4 ou
5 gouttes de citrate d'ammoniaque et autant de réactif magnésien et
on sursature par l'ammoniaque dont on met un grand excès (10 à
15 centimètres cubes) ; on laisse déposer pendant quelques heures
et on recueille ensuite le phosphate ammoniaco-magnésien, débarrassé des impuretés qu'il avait retenues primitivement.

Quand les phosphates contiennent de la matière organique, il faut
les calciner au préalable, c'est le cas des os et des noirs d'os.

4o Modifications au procédé précédent. (Méthode de M. Aubin.)

Dans la détermination de l'acide phosphorique contenu dans les
phosphates naturels et minéraux, on s'expose, en suivant la méthode
indiquée par Brassier, à des erreurs en plus, provenant des substances entraînées avec le précipité de phosphate ammoniaco-magnésien. Les substances qui viennent s'ajouter au dosage, sont : la silice,
la chaux, la magnésie et, quelquefois, le fluorure de magnésium dans
le cas des phosphates renfermant du spath-fluor. Plusieurs chimistes
ont tourné la difficulté, ou bien en titrant l'acide phosphorique par
l'urane, ou bien en dissolvant le phosphate ammoniaco-magnésien
et le reprécipitant par l'ammoniaque ; enfin, on a proposé de se
débarrasser de la majeure partie de la chaux, soit au moyen du
nitrate de fer, soit au moyen de l'acide sulfurique et de l'alcool. Ces
divers procédés ont leurs inconvénients dans la pratique ; les uns
sont relativement longs et les autres n'offrent pas toujours la précision désirable. Au contraire, les causes d'erreurs disparaissent si
l'on ajoute à la liqueur résultant de l'attaque du phosphate, dont

l'acide chlorhydrique a été au préalable saturé par l'ammoniaque, un excès d'acide acétique, et si l'on précipite la chaux au moyen de l'oxalate d'ammoniaque; l'acide phosphorique, les sesquioxyde de fer et l'alumine restent en dissolution, tandis que la chaux se précipite en entraînant avec elle de la silice et du fluor.

Pour l'analyse des phosphates, voici la marche suivie par M. Aubin : dans un ballon de 200 grammes environ, on attaque 1 gramme du produit pulvérulent par 10 centimètres cubes d'acide chlorhydrique, maintenus à l'ébullition pendant 10 minutes; ensuite, on ajoute 50 centimètres cubes d'eau et 20 centimètres cubes de citrate d'ammoniaque alcalin, préparés d'après la formule de M. Joulie, puis 10 centimètres cubes d'acide acétique à 8° B., en s'assurant que la liqueur est franchement acide. On porte la liqueur à l'ébullition, on y projette environ $1^{gr},5$ d'oxalate d'ammoniaque, quantité suffisante dans la plupart des cas; lorsque la proportion de chaux est très élevée, on s'assure par quelques gouttes de solution d'oxalate d'ammoniaque qu'elle est entièrement précipitée. S'il n'en était pas ainsi, on ajouterait encore quelques décigrammes d'oxalate en cristaux. On cesse de chauffer au bout de quelques minutes. La liqueur s'éclaircit rapidement, elle est décantée sur un filtre et le résidu insoluble est lavé à plusieurs reprises à l'eau bouillante jusqu'à ce qu'on ait obtenu le volume de 200 centimètres cubes. Après les premiers lavages à l'eau, on ajoute sur l'oxalate de chaux un ou deux centimètres cubes de citrate d'ammoniaque destiné à en extraire les petites quantités d'acide phosphorique entraîné et on achève le lavage comme il vient d'être dit. Après refroidissement, on ajoute 10 centimètres cubes d'une solution magnésienne contenant $1^{gr},5$ de chlorure de magnésium cristallisé[1], puis 50 centimètres cubes d'ammoniaque.

Pour que la précipitation de l'acide phosphorique soit complète, il faut qu'il y ait un excès de magnésie dans la liqueur. Dans les conditions dans lesquelles s'effectue le dosage que nous recomman-

---

1. Le réactif magnésien se prépare en dissolvant 150 grammes de chlorure de magnésium cristallisé et 150 grammes de chlorhydrate d'ammoniaque dans une quantité suffisante d'eau pour faire le volume de 1 litre; 5 centimètres cubes de cette liqueur précipitent 50 centigr. d'acide phosphorique.

dons ici, il est nécessaire que cette magnésie en excès sur l'acide phosphorique soit de 250 à 350 milligrammes. Un excès moindre pourrait faire perdre un peu d'acide phosphorique : un excès trop grand pourrait au contraire donner une surcharge attribuable à du phosphate tribasique de magnésie entraîné. On mettra donc les quantités de liqueur magnésienne variables avec la proportion présumée d'acide phosphorique, de manière à avoir toujours l'excès voulu. Dans ces conditions aucun entraînement de magnésie n'est à craindre.

Il est utile de ne mettre l'ammoniaque qu'après avoir ajouté la liqueur magnésienne ; on risque moins d'entraîner du phosphate de fer dans le précipité formé.

Le phosphate ammoniaco-magnésien est recueilli sur un filtre au bout de douze heures ; lavé à l'eau ammoniacale au tiers. On sèche, on incinère et on pèse, après avoir, comme il est dit plus haut, traité par deux ou trois gouttes d'acide azotique. Le poids obtenu, multiplié par 63,963, donne le taux pour 100 de l'acide phosphorique contenu dans la substance analysée. En opérant comme il vient d'être dit, on peut se dispenser d'éliminer au préalable la silice ; on est à l'abri de l'intervention de la chaux et on n'a pas à craindre d'avoir du fluor dans le précipité. En outre, le grand volume de liquide s'oppose à l'entraînement de la magnésie. Ce grand volume n'est pas, comme on pourrait le craindre, une cause de perte d'acide phosphorique ; le liquide n'en contient aucune quantité appréciable, l'excès de magnésie rendant le phosphate ammoniaco-magnésien insoluble.

Cependant il peut arriver que le pyrophosphate de magnésie obtenu ne soit pas absolument pur ; il peut contenir de la silice, alors même qu'on a évaporé à sec au préalable ; il peut aussi renfermer du phosphate de fer. Il est facile de s'assurer de la présence de ces substances et de faire, s'il y a lieu, la correction. Dans aucun cas, leur recherche qualitative, qui ne prend que quelques instants, ne doit être négligée.

Après la pesée, on dissout, dans le vase même qui a servi à la pesée, par de l'acide azotique ; s'il reste un résidu appréciable de silice, on le pèse et on le défalque du poids de pyrophosphate. Après élimination de la silice, on étend à 100 centimètres cubes environ, on neutralise par l'ammoniaque jusqu'à bleuissement du papier de tournesol ; puis on redissout le précipité de phosphate ammoniaco-magnésien formé, par l'acide acétique mis en léger excès. La liqueur doit demeurer claire et ne pas se troubler au bout de quelques heures ; l'absence de phosphate de fer est ainsi constatée. S'il s'en trouve, on peut le recueillir, le peser et diminuer le poids de l'acide phosphorique, calculé d'après le poids du pyrophosphate corrigé de la silice, de 1/4 de milligramme par chaque milligramme de phosphate de fer obtenu.

Dans la plupart des cas ces corrections sont inutiles ; si elles devenaient trop fortes, il serait prudent de recommencer le dosage.

Cette manière d'opérer donne une grande sécurité. Il est commode pour l'emploi de ce procédé, d'avoir des vases à précipiter portant deux traits de jauge, l'un à 200 centimètres cubes, l'autre à 250 centimètres cubes.

5° Dosage de l'acide phosphorique dans les guanos, poudrettes, etc.

Les guanos et les engrais similaires doivent en général leur valeur à l'azote, mais il y en a dans lesquels celle de l'acide phosphorique prédomine.

Pour doser l'acide phosphorique, on opère sur 2 grammes de matière, on les mélange, dans une capsule de porcelaine à fond rond, avec un décigramme de chaux éteinte pour empêcher la réduction éventuelle de phosphate acide par la matière organique, réduction qui entraînerait des pertes de phosphore. Le tout étant imbibé d'une dizaine de gouttes d'eau, on sèche au bain de sable et on chauffe la matière au rouge, sur un bec de gaz ou au moufle. On détache la matière et on la fait tomber dans un ballon à fond plat, de 200 centimètres cubes, on verse dans la capsule, en deux fois, 15 centimètres cubes d'acide chlorhydrique, puis on la lave avec 10 centimètres cubes d'eau qu'on rajoute dans le ballon ; on fait bouillir au bain de sable pendant un quart d'heure. On verse dans une capsule à fond plat, en lavant le ballon 4 ou 5 fois avec de petites quantités d'eau ; on évapore à sec pour rendre la silice insoluble, on reprend par 10 centimètres cubes d'acide chlorhydrique et 10 centimètres cubes d'eau, on fait chauffer au bain de sable pendant quelques minutes, on filtre, on lave la capsule et le filtre avec de très petites quantités d'eau chaude, jusqu'à ce que la réaction de la liqueur ne soit plus acide, mais de manière à ne pas dépasser le volume de 60 à 80 centimètres cubes pour la totalité de la liqueur ; on traite alors par l'ammoniaque, l'acide citrique et le chlorure de magnésium comme il a été dit à propos de l'analyse des phosphates.

Ce procédé ne permettrait pas de reconnaître, dans ces produits, l'addition frauduleuse de phosphate qui aurait pu être faite dans le but de vendre au prix du phosphate de guano et de la poudrette le phosphate naturel d'une valeur moindre.

6o Dosage de l'acide phosphorique dans un phosphate précipité.

Lorsque l'acide phosphorique a été en solution et qu'il a été précipité par un lait de chaux, il forme un phosphate de chaux bibasique extrêmement divisé et qu'on regarde comme facilement assimilable par les végétaux. Le phosphate ainsi obtenu a la propriété d'être décomposé à l'ébullition par l'oxalate d'ammoniaque et on a proposé d'employer cette propriété pour le séparer des phosphates naturels. Mais cette séparation n'est pas très parfaite, puisque ces derniers peuvent être également attaqués dans une assez forte proportion par le même réactif ; nous conseillons d'employer pour ces phosphates précipités les mêmes procédés que pour les phosphates rétrogradés, c'est-à-dire de les mettre en contact avec le citrate d'ammoniaque qui en opère la dissolution. Mais le citrate ne dissout pas toujours tout le phosphate précipité, surtout lorsque celui-ci a été desséché à une température trop élevée ; il faut donc en outre doser l'acide phosphorique total.

7o Dosage de l'acide phosphorique dans un engrais ou dans un phosphate par le molybdate d'ammoniaque.

La précipitation par le molybdate d'ammoniaque peut être utilisée pour le dosage des engrais phosphatés en général, elle permet d'éli-

-miner toutes les substances qui entravent le dosage dans le procédé ordinaire.

5 grammes d'engrais phosphaté à analyser sont calcinés jusqu'à destruction de la matière organique, attaqués dans un ballon, par 20 centimètres cubes d'eau et 20 centimètres cubes d'acide azotique ; on fait bouillir pendant un quart d'heure ; puis, après refroidissement, on amène le volume total à 100 centimètres cubes. Lorsqu'on a affaire à un phosphate riche, on prend 10 centimètres cubes de cette solution correspondant à 5 décigrammes ; pour les engrais moyennement riches en acide phosphorique (10 à 25 p. 100) on prend 20 centimètres cubes de liqueur, correspondant à un gramme ; enfin, pour les engrais ayant moins de 10 p. 100 d'acide phosphorique, on prend 40 centimètres cubes représentant 2 grammes.

Quoi qu'il en soit, le volume est amené à 50 centimètres cubes, après qu'on a ajouté 10 centimètres cubes d'acide azotique et 6 à 7 grammes de cristaux d'azotate d'ammoniaque. Le liquide est placé dans un vase de Bohême d'au moins 300 centimètres cubes de capacité ; on y ajoute 50 centimètres cubes de liqueur molybdique, par chaque décigramme d'acide phosphorique supposé contenu dans la liqueur et on porte le mélange à 90°, au bain-marie, pendant une heure ; au bout de ce temps on voit, sur une petite quantité de liqueur claire, si une nouvelle addition de molybdate ne détermine pas de précipité. Dans le cas affirmatif, il faudrait ajouter encore 50 centimètres cubes de liqueur molybdique et chauffer de nouveau pendant une heure au bain-marie à 90°. On filtre et on lave au moyen d'une solution contenant 3 p. 100 de nitrate d'ammoniaque et 1 p. 100 d'acide azotique ; puis on dissout dans quelques centimètres cubes d'ammoniaque et on lave le filtre avec de l'eau contenant 30 p. 100 d'ammoniaque, dont on ajoute une quantité totale d'environ 50 centimètres cubes. Dans cette liqueur on verse, peu à peu et en agitant constamment, 10 centimètres cubes du mélange magnésien ci-dessous, par décigramme d'acide phosphorique supposé dans la liqueur. Au bout de quelques heures, on recueille sur un filtre le phosphate ammoniaco-magnésien formé et on le lave avec de l'eau contenant 30 p. 100 d'ammoniaque. On calcine le précipité et on pèse à l'état de pyrophosphate.

Lorsqu'on se trouve en présence de très petites quantités d'acide phosphorique, on évapore à sec après l'attaque par l'acide, afin de séparer la silice. Dans ce cas on pèse directement le phospho-molybdate qu'on a recueilli sur un double filtre, dont l'un sert de tare à l'autre. Le précipité lavé à l'eau acidulée par l'acide azotique et finalement avec quelques gouttes d'eau pure est séché à une température ne dépassant pas 90° : son poids multiplié par 0,0438 donne le poids d'acide phosphorique. Cette dernière manière de procéder n'est pas susceptible d'une grande exactitude et ne peut s'employer que quand on est en présence de quantités trop faibles d'acide phosphorique pour que la précipitation à l'état de phosphate ammoniaco-magnésien lui soit applicable.

Préparation du molybdate d'ammoniaque. — 100 grammes d'acide molybdique sont dissous dans 400 grammes d'ammoniaque d'une densité de 0,95 ; on filtre et on reçoit le liquide, goutte à goutte, dans 1^k,5 d'acide azotique de 1,20 de densité, en agitant constamment. Ce mélange est abandonné pendant quelques jours dans un endroit chaud : il forme un dépôt. Pour l'emploi, on décante la partie claire.

Préparation de la liqueur magnésienne. — On fait dissoudre 50 grammes de carbonate de magnésie pur et 100 grammes de chlorhydrate d'ammoniaque dans 120 centimètres cubes d'acide chlorhydrique additionné de 500 centimètres cubes d'eau ; après dissolution on ajoute 100 centimètres cubes d'ammoniaque à 22 degrés et on complète, avec de l'eau, le volume de 1 litre.

8° Dosage de l'acide phosphorique solubilisé dans les superphosphates et dans les engrais chimiques.

Dans les superphosphates, substances pulvérulentes résultant du traitement des phosphates naturels par l'acide sulfurique, il y a à doser non seulement l'acide phosphorique total, mais encore l'acide phosphorique modifié par le traitement chimique et existant à l'état soluble à l'eau et à l'état soluble au citrate. Le plus souvent, ces deux derniers sont dosés en bloc, puisqu'on leur attribue une valeur commerciale peu différente. Il semblerait donc qu'en traitant directement par du citrate d'ammoniaque, on devrait dissoudre tout l'acide phosphorique existant sous ces deux formes. Il en est ainsi, en effet, lorsque l'engrais ne contient pas de magnésie ; mais la présence fréquente de cette base donne naissance à du phosphate ammoniaco-magnésien, insoluble dans le citrate, et tout l'acide phosphorique correspondant à la magnésie échappera au traitement citro-ammoniacal.

La magnésie se trouve dans la matière à l'état de sulfate ou de phosphate acide soluble dans l'eau ; on peut donc l'éliminer au préalable par un lavage et opérer le traitement par le citrate d'ammoniaque sur le résidu débarrassé de magnésie. Les deux liqueurs réunies après coup contiennent tout l'acide phosphorique qui a été modifié par l'action de l'acide sulfurique.

Mais le lavage à l'eau nécessite quelques précautions ; les superphosphates contiennent en général de l'acide sulfurique libre, d'un côté, et du phosphate non attaqué d'un autre côté ; la réaction de l'un sur l'autre n'a pas pu se faire dans le mélange, dont l'homogénéité n'est jamais parfaite. Si l'on traite par l'eau un semblable produit et qu'on laisse le contact se prolonger, l'acide sulfurique libre pourra se porter sur le phosphate non attaqué et le solubiliser. On obtiendrait ainsi dans le dosage une quantité d'acide phosphorique soluble plus grande que celle qui existe en réalité dans le produit examiné. De là la nécessité de pratiquer très rapidement le lavage à l'eau.

Voici comment il convient d'opérer, en suivant la marche indiquée par M. Aubin :

Le produit est passé au tamis de un millimètre de mailles. On en pèse $1^{gr},500$ que l'on dépose dans un mortier en verre. On ajoute environ 20 centimètres cubes d'eau distillée et l'on délaye légèrement avec le pilon sans broyer. Après une minute de repos, on décante sur le filtre sans pli, appliqué sur un entonnoir reposant sur un ballon jaugé de 150 centimètres cubes. On renouvelle l'addition d'eau et les décantations trois ou quatre fois, en opérant très rapidement, puis on broye très finement la matière, on la recueille sur un filtre au moyen de la pissette et l'on continue le lavage jusqu'à parfaire le volume du ballon jaugé. Le contenu du ballon est versé après

agitation dans un verre à pied. Ici trois cas peuvent se présenter :
1° on se propose seulement de doser l'acide phosphorique soluble
dans l'eau ; 2° on veut connaître la totalité de l'acide phosphorique
soluble dans l'eau et de l'acide phosphorique soluble dans le citrate
d'ammoniaque ; 3° on demande séparément l'acide phosphorique
soluble dans l'eau et l'acide phosphorique soluble dans le citrate
d'ammoniaque.

Dans le premier cas, il suffit de soutirer, au moyen d'une pipette,
50 centimètres cubes de la liqueur d'épuisement, pour laisser dans
le verre le liquide contenant l'acide phosphorique, soluble dans l'eau,
provenant d'un gramme de superphosphate. On précipite à l'état de
phosphate ammoniaco-magnésien.

Dans le deuxième cas, on soutire également 50 centimètres cubes
de la liqueur d'épuisement par l'eau distillée ; d'un autre côté on introduit le filtre contenant la matière lavée dans un ballon jaugé de
150 centimètres cubes, avec 60 centimètres cubes de citrate d'ammoniaque, on laisse en digestion pendant une heure en délayant la
matière par l'agitation, et on laisse reposer pendant douze heures ;
on amène le volume à 150 centimètres cubes, on agite et on filtre
ensuite le liquide, rendu homogène, sur un ballon jaugé de 100 centimètres cubes. Les 100 centimètres cubes de la liqueur d'épuisement par le citrate d'ammoniaque sont ajoutés aux 100 centimètres
cubes restant dans le verre à dosage et contenant le soluble à l'eau.
On a ainsi réuni les deux formes solubles de l'acide phosphorique
provenant d'un gramme de superphosphate. On les précipite également à l'état de phosphate ammoniaco-magnésien.

Dans le troisième cas, on enlève 50 centimètres cubes de la liqueur
provenant de l'épuisement par l'eau pour doser l'acide phosphorique
soluble à l'eau sur un gramme de superphosphate et l'on opère le
dosage du soluble au citrate avec 100 centimètres cubes du liquide
obtenu dans le traitement par le citrate d'ammoniaque. On a ainsi
encore opéré sur un gramme de la matière primitive.

On ajoute au liquide d'épuisement 20 centimètres cubes de citrate
d'ammoniaque, dans le cas où il n'y en a pas déjà, et 10 centimètres
cubes d'une liqueur magnésienne contenant suffisamment de magnésie pour précipiter 5 décigrammes d'acide phosphorique, puis

un volume d'ammoniaque égal au tiers du volume total. Dans ces conditions, le phosphate ammoniaco-magnésien se précipite entièrement, parce que les liqueurs renferment un excès de magnésie et d'ammoniaque, et, cependant, ce précipité est pur, parce que les liqueurs sont suffisamment volumineuses pour maintenir en dissolution les substances qui ont une tendance à être entraînées. En général, on laisse le précipité déposer toute la nuit, le lendemain on le recueille sur un filtre, on le lave à l'eau ammoniacale saturée de phosphate ammoniaco-magnésien, on le sèche et on l'incinère au moufle. Les quelques particules de charbon qui n'ont pas été brûlées pendant l'incinération sont détruites par quelques gouttes d'acide nitrique et une seconde calcination. Le poids de pyrophosphate de magnésie obtenu, multiplié par 63,963, donne le taux pour 100 d'acide phosphorique dans le produit analysé.

Cette méthode s'applique également aux engrais chimiques composés de superphosphate, d'engrais azotés et de sels potassiques.

Préparation du citrate d'ammoniaque. — 400 grammes d'acide citrique cristallisé sont dissous, dans une capsule, à froid, par une quantité suffisante d'ammoniaque à 22 degrés. On complète le volume d'un litre avec de l'ammoniaque.

9° Scories de déphosphoration.

On emploie depuis quelque temps des scories qui proviennent des opérations effectuées dans l'industrie métallurgique pour enlever le phosphore à la fonte par le procédé de Thomas Gilchrist. Ces scories contiennent des quantités très variables d'acide phosphorique, à un état dont le degré d'assimilabilité n'a pas encore été complètement déterminé ; mais il semble, qu'à l'état pulvérulent, elles doivent pouvoir céder leur acide phosphorique aux racines des plantes. Malgré la température élevée à laquelle ces scories ont été soumises, les phosphates qui s'y trouvent sont relativement assez solubles, même en partie dans le citrate d'ammoniaque. Les substances qui accompagnent l'acide phosphorique dans cette scorie sont la chaux, le fer existant en grande partie à l'état de protoxyde, en petite quanlité à l'état de peroxyde, avec des parcelles de fer métallique. Il y a, en outre, de la silice, un peu d'acide sulfurique, etc.

L'analyse de ce produit se faire exactement comme celle d'un phosphate de chaux naturel, à la condition toutefois de transformer tout le fer en sesquioxyde. On commence par dissoudre un gramme de matière finement pulvérisée, dans l'acide chlorhydrique bouillant, on évapore à sec pour séparer la silice, on reprend de nouveau par l'acide chlorhydrique et puis, on ajoute à l'ébullition de l'acide azotique, soit environ 5 centimètres cubes ; on fait bouillir jusqu'à disparition des vapeurs rutilantes et on traite ensuite par l'ammoniaque, l'acide citrique et le chlorure de magnésium comme dans un dosage ordinaire.

Lorsque les quantités d'acide phosphorique sont très faibles, on peut faire le dosage au moyen du molybdate d'ammoniaque ; dans ce but, on opère sur 5 décigrammes de matière, qu'on dissout par l'acide chlorhydrique après séparation de la silice, on reprend par l'acide azotique, on évapore à sec à deux ou trois reprises, toujours avec de l'acide azotique, jusqu'à ce que le chlore soit totalement éliminé. Dans la liqueur azotique, on verse le nitromolybdate d'ammoniaque, on recueille le précipité avec les précautions ordinaires, on le transforme en phosphate ammoniaco-magnésien et on le pèse à l'état de pyrophosphate de magnésie.

L'attaque préalable par l'acide chlorhydrique est indispensable parce que l'acide azotique peut ne pas dissoudre intégralement les phosphates.

La pesée du pyrophosphate de magnésie, que nous avons adoptée, suffit à toutes les exigences du dosage de l'acide phosphorique.